La reproduction des Vertébrés

La reproduction des Vertébrés

Vân NGUYÊN
Nathalie FERRY

Pour toute information sur notre fonds et les nouveautés dans votre domaine de spécialisation, consultez notre site web : **www.deboeck.com**

Éditions De Boeck Université
rue des Minimes 39, B-1000 Bruxelles

Conception graphique : Bambook
Réalisation : Dominique Papon

Imprimé en Belgique

Dépôt légal :
Bibliothèque Nationale, Paris : 2007
Bibliothèque royale de Belgique : 2007/0074/286 ISBN 9782804155537

Avant-propos

Ce mémento rassemble les notions de base concernant la reproduction des Vertébrés. C'est une aide à l'acquisition des connaissances des trois premières années d'études universitaires (L1, L2, L3). Il s'agit d'un outil de préparation des examens puisqu'il offre une vision synthétique du cours. Cet ouvrage a été conçu pour faciliter les révisions en rassemblant les idées-clés. Les éléments importants sont classés de façon methodique, notamment sous forme de tableaux, afin de faciliter la mémorisation et la synthèse. Les schémas aident à la compréhension des notions complexes et donnent une vision d'ensemble.

De plus c'est un manuel petit et léger, donc pratique à transporter. Il est écrit de façon simple (comme des fiches de synthèse), facilitant la lecture, la compréhension et l'assimilation.

Table des matières

Chapitre 1 :

L'anatomie et la mise en place des organes reproducteurs

I. Les organes reproducteurs

Étude des organes reproducteurs chez l'Homme.

1. Les organes reproducteurs masculins

Schéma 1 : **les organes génitaux de l'homme**

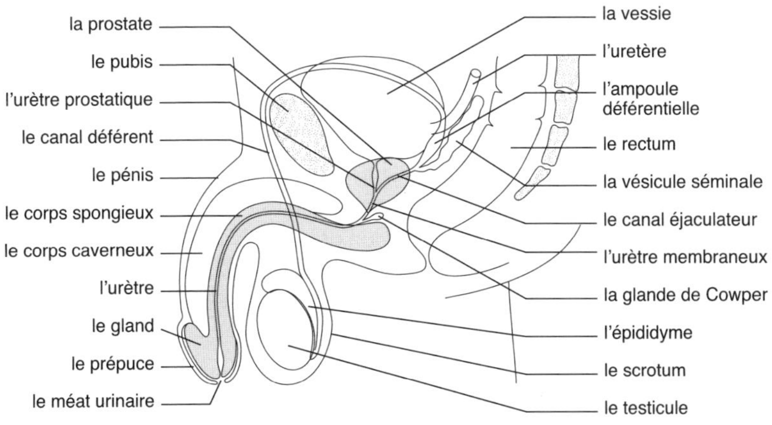

L'appareil génital masculin assure la production des gamètes mâles ou spermatozoïdes, leur transport, leur nutrition, leur stockage dans le tractus génital masculin, et leur expulsion dans le tractus génital féminin lors de la copulation.

a. Les organes génitaux externes

Le pénis ou la verge

Organe mâle de copulation et de miction chez les Mammifères.
Le pénis humain se distingue de la plupart des autres pénis mammaliens par l'absence de **baculum**, un os qui raidit le pénis.
Le pénis est formé de trois corps érectiles : le **corps spongieux** surmonté des **deux corps caverneux**. Ces structures sont des cavités formées par des cloisons fibreuses, riches en cellules musculaires lisses, tapissées par un endothélium.
Une peau assez épaisse enveloppe le pénis. Une peau plus fine recouvre le **gland** (l'extrémité du pénis). Chez l'homme un repli de peau, appelé prépuce, entoure le gland. Le prépuce s'attache au-dessous du gland par une bande de peau, le frein.

Le scrotum ou les bourses

Enveloppe de peau contenant les testicules.
La cavité scrotale communique avec la cavité abdominale par le **canal inguinal**.

b. Les organes génitaux internes

Les testicules

Organes pairs ovoïdes, coiffés chacun par une **épididyme**.
Les testicules assurent deux fonctions distinctes :
- une fonction exocrine : la formation des spermatozoïdes par les tubes séminifères ;
- une fonction endocrine : la sécrétion des androgènes (principalement la testostérone) par le tissu interstitiel.

Chaque testicule est suspendu dans le scrotum par le **cordon spermatique** qui contient le **canal déférent**, des vaisseaux sanguins et lymphatiques, et des fibres nerveuses ortho- et parasympathiques.

Schéma 2 : **un testicule humain**

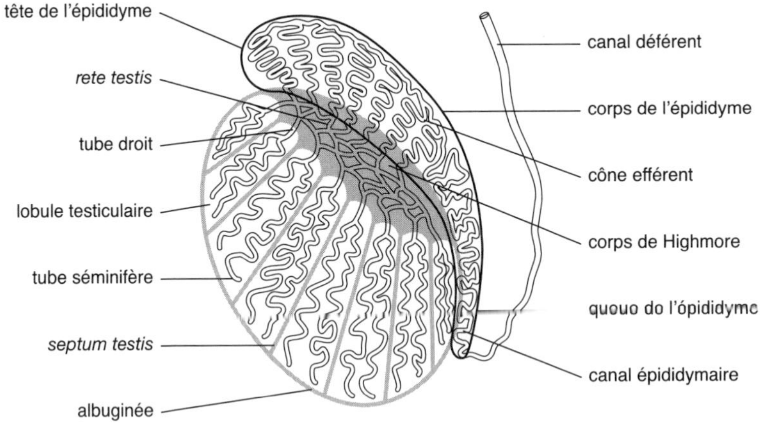

Chaque testicule est entouré d'une enveloppe conjonctive fibreuse épaisse : l'**albuginée**. Dans sa partie supérieure, l'albuginée s'épaissit et s'enfonce à l'intérieur du testicule pour former une structure fibreuse : le **corps de Highmore**. Ce dernier est parcouru par des canaux : le *rete testis*. Des cloisons conjonctives, les *septa testis*, partent du corps de Highmore, délimitant 200 à 300 **lobules testiculaires**. Chaque lobule testiculaire contient 2 à 4 **tubes** ou **tubules séminifères**. L'enveloppe de chaque tube séminifère est une gaine tubulaire mince ou membrane propre du tube séminifère ou *membrana propria*, formée de fibroblastes et de fibres de collagène.

L'épithélium séminifère est stratifié. Il est constitué par les cellules de la lignée germinale et par des cellules somatiques : les cellules de Sertoli.

Entre les tubes séminifères, un tissu conjonctif lâche *(interstitium)*, vascularisé et innervé, contient des cellules endocrines (synthèse des androgènes) : les cellules de Leydig. L'ensemble des cellules de Leydig constitue le **tissu** ou la **glande interstitielle du testicule**.

Le tractus génital masculin

Il est formé par les voies spermatiques ou voies génitales masculines. Il assure le transport, la survie et la maturation des spermatozoïdes.

Les voies spermatiques intratesticulaires

Les tubes séminifères se terminent par des segments courts, les **tubes droits**, tapissés par un épithélium cubique. Ces derniers viennent s'aboucher dans le *rete testis* ou **réseau de Haller** (épithélium cubique bas + microvillosités).

Les voies spermatiques extratesticulaires

Elles débutent par les cônes efférents, continuent par le canal épididymaire puis par le canal déférent et s'achèvent par le canal éjaculateur. Ces voies génitales paires débouchent dans l'urètre prostatique, voie urogénitale impaire.

Les cônes ou canaux efférents

Ils drainent le *rete testis*, traversent l'albuginée et se jettent dans la tête de l'épididyme. La muqueuse de ces canaux, enroulés en spirale, comporte :

- un épithélium pseudostratifié avec des cellules ciliées, des cellules glandulaires (ou sécrétoires) et des cellules basales ;
- un chorion : tissu conjonctif lâche très vascularisé contenant des fibres musculaires lisses circulaires.

Les canaux efférents favorisent la progression du liquide ou plasma séminal et modifient sa composition.

Le canal épididymaire

Il est situé dans l'épididyme. Cette dernière comprend une tête dans laquelle pénètrent les cônes efférents, un corps, et une queue d'où émerge le canal déférent.

La muqueuse épididymaire comporte :

- un épithélium pseudostratifié avec des cellules glandulaires et des cellules basales ;
- un chorion : tissu conjonctif lâche contenant des fibres musculaires.

L'épididyme assure le transit et la maturation des spermatozoïdes (1 jour dans la tête, 4 à 5 jours dans le corps et la queue).

Le canal déférent

Le canal déférent quitte la cavité scrotale, traverse le canal inguinal et la fosse iliaque, pour se retrouver dans la cavité abdominale où il rejoint la vessie. À ce niveau il se dilate pour former l'ampoule déférentielle ou ampoule du déférent. Le canal déférent modifie la composition biochimique du plasma séminal.
Sa paroi épaisse comporte :
- une muqueuse formée d'un épithélium pseudostratifié pourvu de stéréocils et d'un chorion aglandulaire lâche, riche en fibres élastiques ;
- une musculeuse formée de trois couches de fibres musculaires lisses ;
- une adventice de tissu conjonctif lâche, vascularisé et innervé.

Le canal éjaculateur

Les deux canaux éjaculateurs pénètrent dans la prostate et rejoignent l'urètre prostatique, de part et d'autre de l'utricule prostatique.

Le tractus urogénital : l'urètre ou canal urogénital

L'urètre part de la vessie et s'ouvre à l'extrémité du pénis par le méat urinaire. Il mesure une vingtaine de centimètre et comprend trois segments :
- l'urètre prostatique : épithélium de type vésical au sein de la prostate (sur la face postérieure s'abouchent les canaux éjaculateurs et les glandes prostatiques) ;
- l'urètre membraneux ou périnéal : épithélium pseudostratifié cylindrique, de l'extrémité de la prostate à l'origine du pénis ;
- l'urètre spongieux ou pénien : épithélium pavimenteux stratifié non kératinisé au niveau du pénis.

L'urètre assure l'évacuation de l'urine lors de la miction et du sperme lors de l'éjaculation.

Les glandes annexes

Ces glandes exocrines sécrètent le plasma séminal qui permet le transport, la nutrition et la maturation des spermatozoïdes.
Plasma séminal et spermatozoïdes constituent le sperme.

La prostate

Organe musculoglandulaire situé au niveau du col vésical (partie inférieure de la vessie).

Elle est entourée par une capsule fibro-élastique d'où partent des cloisons délimitant des lobules.

La prostate contient une cinquantaine de glandes tubulo-alvéolaires situées dans un stroma conjonctif riche en fibres musculaires lisses, fibres élastiques, vaisseaux et nerfs.

Les glandes tubulo-alvéolaires, situées dans les lobules, sont organisées en trois régions :

- la région la plus interne contient les glandes de la muqueuse : glandes courtes, peu ramifiées s'abouchant directement dans l'urètre ;
- la région intermédiaire abrite les glandes de la sous-muqueuse ;
- la région périphérique comprend des glandes très ramifiées qui constituent la plus grande partie de la prostate.

Les sécrétions prostatiques entrent dans la composition du plasma séminal.

La prostate est traversée par l'urètre prostatique qui reçoit les deux canaux éjaculateurs : cette partie représente le carrefour urogénital.

La prostate possède deux sphincters :

- un sphincter interne lisse qui entoure la partie supérieure de l'urètre. Sa tonicité empêche l'écoulement spontané de l'urine provenant de la vessie ;
- un sphincter externe strié, responsable de l'acte volontaire de la miction.

Les vésicules séminales

Organes pairs symétriques, situés en arrière du col de la vessie, au-dessus de la prostate, entourés par une capsule de tissu conjonctif fibreux.

La vésicule séminale est une évagination du canal déférent. C'est un long tube très contourné avec de nombreux diverticules délimités par une paroi formant des villosités. Cette paroi comprend :

- une muqueuse formée d'un épithélium et d'un chorion aglandulaire ;
- une musculeuse formée de deux couches de fibres musculaires lisses ;
- une adventice.

Ces vésicules élaborent un produit de sécrétion qui représente les 2/3 du volume de l'éjaculat. Le liquide séminal contient des molécules de nature diverse (dont le fructose nécessaire à la nutrition et à la mobilité des spermatozoïdes).

Les glandes bulbo-urétrales ou glandes de Cowper

Petites glandes tubulo-alvéolaires.

Chaque glande est formée de lobules séparés les uns des autres par une cloison conjonctive riche en fibres élastiques et en cellules musculaires lisses. Elles sécrètent un liquide mucoïde qu'elles déversent dans la région postérieure de l'urètre membraneux. Ce liquide participe à la lubrification de l'urètre. Lors de l'éjaculation, il est excrété en plus grande quantité et précède l'arrivée du sperme.

2. Les organes reproducteurs féminins

L'appareil génital féminin se situe dans la cavité pelvienne.

Schéma 3 : **l'appareil génital féminin (vu de profil)**

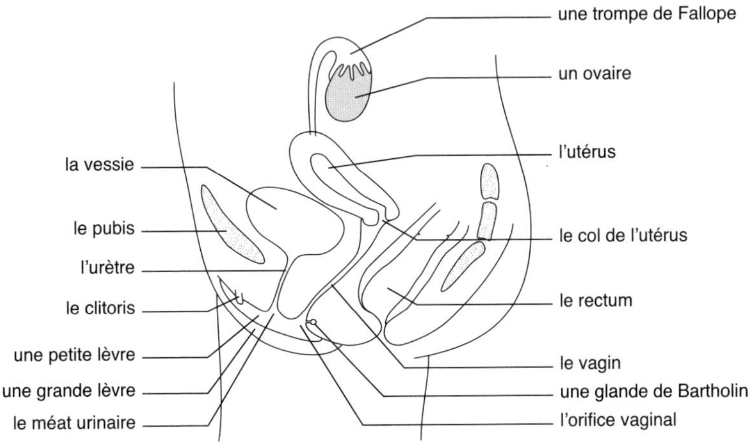

L'appareil génital féminin assure la production des gamètes femelles ou ovules, l'accueil et l'acheminement des spermatozoïdes, la fécondation de l'ovule, le transit et l'implantation de l'embryon, le développement de l'embryon puis du fœtus pendant la grossesse et l'expulsion de ce dernier lors de l'accouchement.

a. Les organes génitaux externes ou la vulve

◗ Le vestibule

Situé entre les petites lèvres, il reçoit le méat urinaire et est recouvert d'un épithélium pavimenteux stratifié.

◗ Les glandes de Bartholin

Glandes tubulo-acineuses, hormono-dépendantes, qui sécrètent un liquide lubrifiant l'entrée du vagin.
Elles sont situées dans le vestibule de part et d'autre du vagin.

◗ Les petites lèvres

Repli muqueux, revêtu d'un épithélium pavimenteux stratifié, contenant de nombreuses glandes sébacées et sudoripares.
L'axe conjonctif est spongieux. Les petites lèvres sont dotées d'une riche innervation sensitive.

◗ Les grandes lèvres

Repli, revêtu d'un épithélium cutané pavimenteux stratifié kératinisé, riche sur la partie externe en follicules pileux, glandes sébacées et sudoripares.
L'axe conjonctif est riche en cellules adipeuses.

◗ Le clitoris

Organe érectile recouvert d'un épithélium pavimenteux stratifié, contenant dans sa partie profonde deux corps caverneux.

b. Les organes génitaux internes

Schéma 4 : **un ovaire humain**

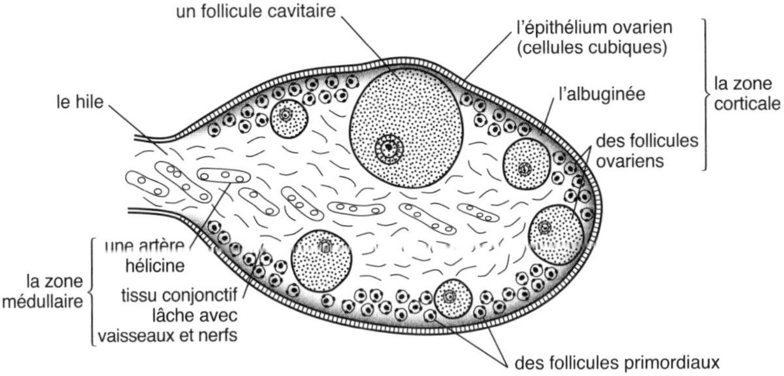

Les ovaires

Organes pairs ovoïdes, coiffés chacun par une trompe de Fallope.

Les ovaires assurent deux fonctions distinctes :

– une fonction exocrine : la production d'ovules ;
– une fonction endocrine : la sécrétion d'hormones stéroïdes, les œstrogènes et la progestérone.

Un ovaire comporte deux zones :

– une zone corticale, qui elle-même comprend :
  - un épithélium formé d'une seule couche de cellules cubiques,
  - une couche conjonctive dense appelée l'albuginée,
  - une couche conjonctive contenant les follicules (ovocytes + cellules folliculaires) ;
– une zone médullaire : tissu conjonctif fibreux où circulent des vaisseaux sanguins et lymphatiques, des artères hélicines (qui irriguent le cortex) et des nerfs.

Le hile contient les cellules de Berger, qui sécrètent des androgènes.

Le tractus génital féminin

Il est formé par les deux trompes de Fallope, l'utérus et le vagin.

Schéma 5 : **l'appareil génital féminin (vu de face)**

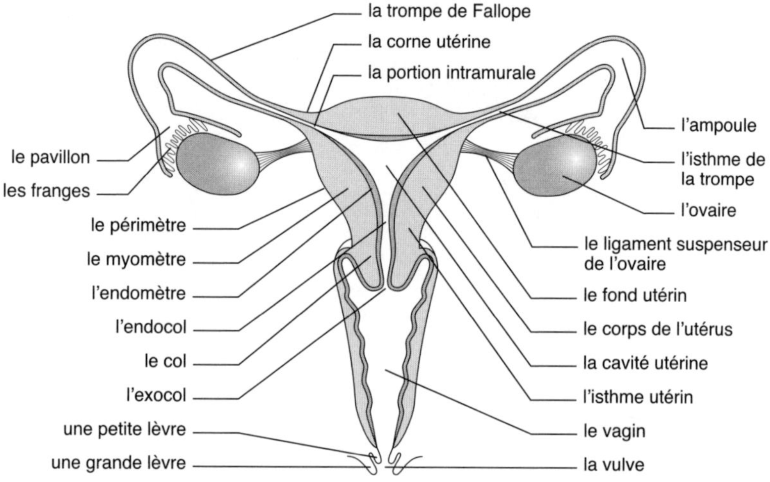

Les trompes de Fallope ou trompes utérines ou oviductes

Ce sont deux conduits musculo-membraneux, comportant quatre portions :

- le pavillon ou *infundibulum* : portion mobile de la trompe, située au-dessous de l'ovaire, hérissée de franges qui participent à la captation de l'ovule lors de la ponte ovulaire. Le pavillon s'ouvre dans la cavité abdominale par l'*ostium abdominale* ;
- l'ampoule : elle représente les 2/3 de la trompe. C'est à ce niveau que se réalise la fécondation ;
- l'isthme ;
- le segment interstitiel ou portion intramurale : il s'ouvre dans la cavité utérine par un orifice, l'ostium utérinum.

La paroi de la trompe de Fallope comprend quatre tuniques :

— la muqueuse (épaisse), elle-même formée :
  - d'un épithélium contenant des cellules ciliées, des cellules glandulaires dites intercalaires (en voie d'expulsion ou d'énucléation) et des cellules basales,
  - d'un chorion : tissu conjonctif lâche, très vascularisé ;

— la musculeuse, qui comprend deux couches de fibres musculaires lisses :
  - une couche interne circulaire qui s'épaissit au niveau utérin pour former un sphincter,
  - une couche externe longitudinale ;

— la sous-séreuse : couche conjonctivo-élastique, large et très vascularisée au niveau de l'ampoule ;

— la séreuse (mince), revêtue par le mésothélium péritonéal, prolongement du mésosalpinx.

Les trompes de Fallope ont pour fonctions :

— l'acheminement de l'embryon vers l'utérus grâce aux mouvements ciliaires et aux contractions de la musculeuse ;

— la nutrition de l'embryon grâce aux sécrétions des cellules glandulaires ;

— la migration et la survie des spermatozoïdes depuis la cavité utérine jusqu'au lieu de la fécondation. Ces derniers s'accumulent dans la région isthmo-ampullaire où l'on observe :
  - une augmentation de la mobilité,
  - une modification de la membrane plasmique.

L'utérus

Organe musculaire creux, situé entre la vessie et le rectum.

Il se compose :

— d'une portion dilatée, le corps, dont la partie supérieure forme le fond (qui reçoit les trompes de Fallope) ;

— d'une partie cylindrique, l'isthme, en continuité avec le col qui s'ouvre dans le vagin.

Le col utérin comporte deux parties :

— l'endocol dont la lumière constitue le canal endocervical (lieu de synthèse de la glaire cervicale) ;

— l'exocol, qui forme une protrusion au fond du vagin.

La paroi du corps utérin comprend :

— une muqueuse, appelée **endomètre**, formée :
  • d'un épithélium contenant des cellules de sécrétion (glycogène), des cellules intercalaires, des cellules ciliées et des cellules basales,
  • d'un chorion cytogène (riche en cellules, pauvre en fibres) contenant des glandes utérines (en tubes droits ou contournés) ;

— une musculeuse épaisse, appelée **myomètre**, et comprenant trois couches de fibres musculaires lisses ;

— une séreuse, le **périmètre** (portion du péritoine).

La paroi du col utérin comprend :

— une muqueuse endocervicale, elle-même formée :
  • d'un épithélium contenant des cellules basales, des cellules ciliées, des cellules de sécrétion (glaire cervicale),
  • d'un chorion (l'épithélium s'invagine dans le chorion et forme les glandes tubulaires qui sécrètent la glaire cervicale),

— une muqueuse exocervicale, elle-même formée :
  • d'un épithélium pavimenteux stratifié non kératinisé identique à l'épithélium vaginal,
  • d'un chorion papillaire ;

— une musculeuse mince comportant un diaphragme à chaque extrémité du canal endocervical ;

— une séreuse.

Le vagin

Conduit musculo-membraneux qui s'étend de l'utérus au vestibule de la vulve. Son élasticité permet le passage du fœtus et de ses annexes lors de l'accouchement. Le vagin permet aussi l'évacuation des menstrues.

La surface vaginale présente des plis transversaux et deux renflements longitudinaux appelés colonnes du vagin.

La paroi vaginale comprend :

— une muqueuse, elle-même formée :
  - d'un épithélium pavimenteux stratifié appelé épithélium malpighien,
  - d'un chorion papillaire, aglandulaire, riche en fibres collagènes et élastiques, très vascularisé avec de nombreux plexus veineux laissant transsuder un liquide aqueux qui s'associe à la glaire cervicale pour lubrifier la paroi vaginale ;

— une musculeuse constituée de deux couches de fibres musculaires lisses :
  - une couche circulaire interne, formant un sphincter lisse au niveau de l'orifice vulvaire,
  - une couche longitudinale externe ;

— une adventice : tissu conjonctif fibreux riche en fibres élastiques et bien vascularisé.

Le contenu vaginal est composé de la glaire cervicale, de l'exsudation aqueuse, des cellules vaginales desquamées et des cellules inflammatoires. Le vagin est riche en glycogène. Son acidité est due à la flore lactique (lactobacilles et bacilles de Doderleïn transforment le glycogène en acide lactique).

II. La détermination du sexe

Organismes étudiés : Mammifères.

1. Le sexe génétique

Le sexe génétique est défini **dès la fécondation** et dépend du gonosome apporté par le spermatozoïde. Chez les Mammifères :

deux gonosomes X → individu de sexe génétique femelle
un gonosome X et un gonosome Y → individu de sexe génétique mâle

2. Le sexe gonadique

a. La gonade indifférenciée

! Au cours du développement embryonnaire, la formation de l'appareil génital de Mammifère débute par la mise en place d'une structure indifférenciée, ni mâle ni femelle. À ce stade, les gonades sont indifférenciées et ne présentent aucune caractéristique mâle ou femelle.

Schéma 6 : **l'appareil génital (stade indifférencié)**

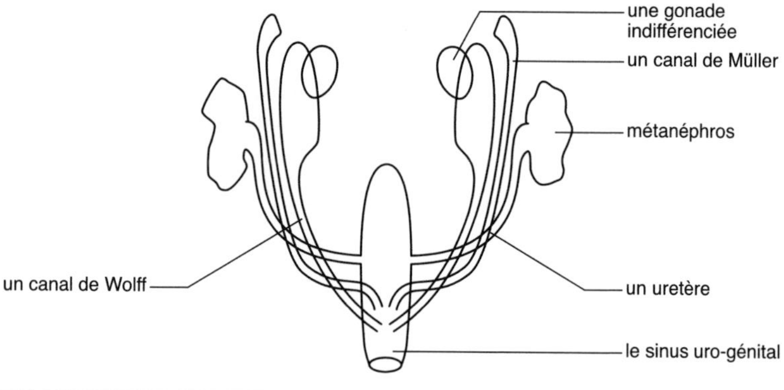

Les grandes étapes de la formation du tractus génital indifférencié :

– formation à partir du mésoderme intermédiaire :
  - des crêtes génitales (futures gonades),
  - du mésonéphros (à l'origine des voies génitales) ;
– colonisation des crêtes génitales par les cellules germinales issues du mésoderme extra-embryonnaire (chimiotactisme) ;
– formation des canaux de Wolff (à partir du mésonéphros) ;
– formation des canaux de Müller (à partir du mésonéphros) ;
– formation de cordons sexuels primitifs au sein des gonades indifférenciées.

b. La différenciation de la gonade

Chez le mâle

Schéma 7 : **la différenciation de la gonade mâle**

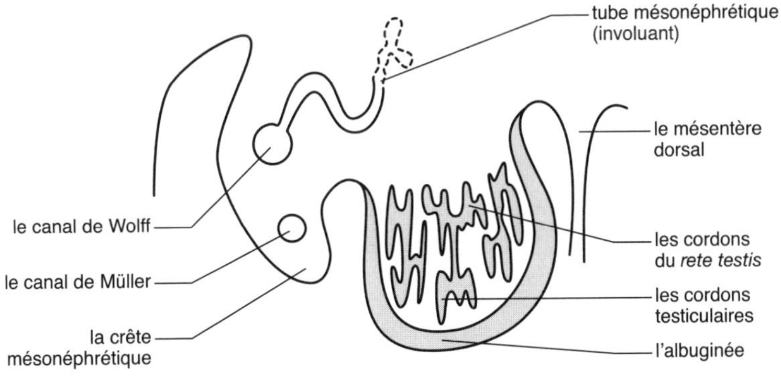

Les étapes de la différenciation :

– formation des cordons testiculaires contenant :
  - les cellules germinales,
  - des cellules somatiques, qui se différencient en cellules de Sertoli ;

— formation des cordons du *rete testis* ;
— différenciation des cellules mésenchymateuses du testicule en cellules de Leydig ;
— formation de l'albuginée par involution de la zone corticale.

Chez la femelle

Schéma 8 : **la différenciation de la gonade femelle**

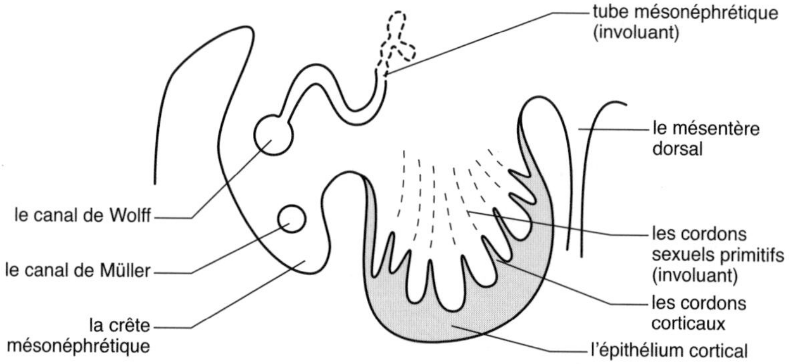

Les étapes de la différenciation :
— dégénérescence des cordons sexuels primitifs ;
— formation des follicules dans la zone corticale de la gonade.

Remarque : chez la truie ou la brebis les cellules germinales sont inclues dans des cordons sexuels.

Ce qu'il faut **vraiment** retenir !

La différenciation des gonades en testicules ou en ovaires entraîne la différenciation des autres structures selon le phénotype mâle ou femelle.

3. Le sexe phénotypique

a. La différenciation de l'appareil génital

Chez le mâle

Schéma 9 : **la différenciation de l'appareil génital mâle**

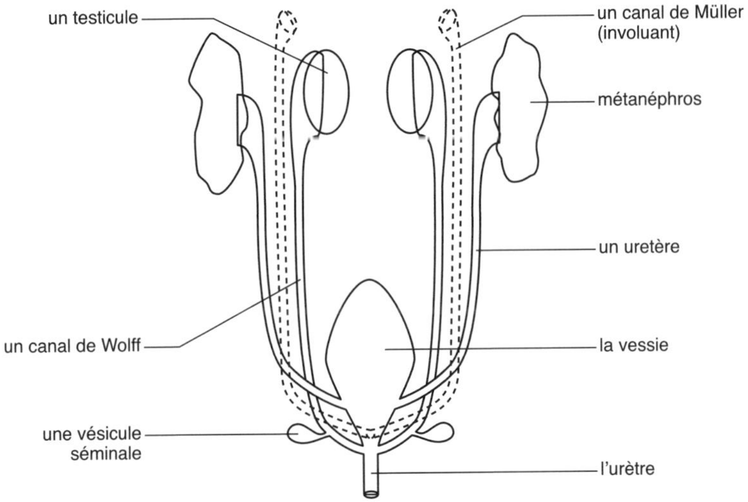

L'appareil génital mâle se forme par :

– différenciation des canaux de Wolff et des restes du mésonéphros en :
  - épididymes,
  - canaux déférents,
  - vésicules séminales,
  - canaux éjaculateurs ;

– involution des canaux de Müller.

◗ Chez la femelle

Schéma 10 : **la différenciation de l'appareil génital femelle**

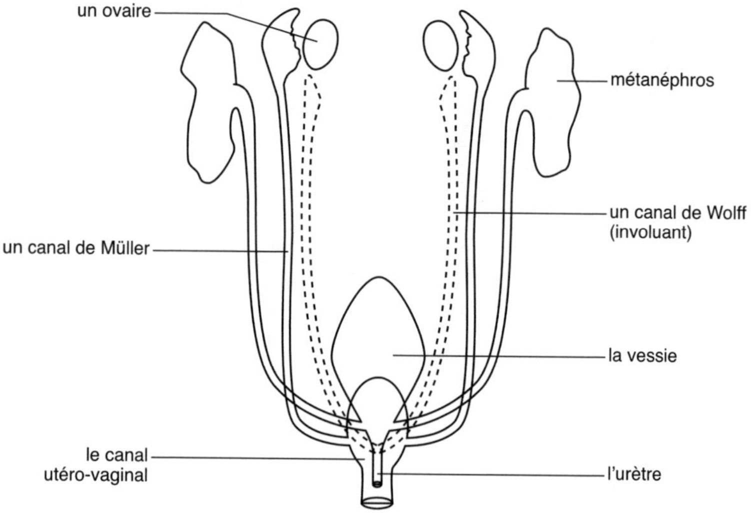

L'appareil génital femelle se forme par :

- différenciation des canaux de Müller en :
  - trompes de Fallope,
  - utérus,
  - vagin supérieur ;
- involution des canaux de Wolff.

b. L'entrée en fonction des appareils génitaux et l'apparition des caractères sexuels secondaires

Les appareils génitaux deviennent fonctionnels à la puberté.

Chez l'homme

À la puberté, l'entrée en fonction de l'appareil génital se traduit par :
— la sécrétion des androgènes ;
— des modifications au niveau de l'appareil génital :
- développement du pénis, des testicules, de la prostate et des vésicules séminales,
- formation des tubes séminifères (creusement des cordons testiculaires),
- entrée en méiose des cellules germinales (spermatogenèse) ;

— l'apparition des caractères sexuels secondaires :
- pilosité,
- croissance du larynx,
- développement musculaire,
- modifications du squelette.

Chez la femme

À la puberté, chez la femme, on observe :
— la sécrétion des hormones sexuelles femelles ;
— des modifications au niveau de l'appareil génital :
- développement de l'utérus, du vagin et de la vulve,
- poursuite de la méiose des cellules germinales (ovogenèse) ;

— l'apparition des caractères sexuels secondaires :
- pilosité,
- développement des glandes mammaires,
- développement du tissu adipeux,
- modifications du squelette.

4. Le contrôle de la différenciation sexuelle

Le chromosome Y porte un gène déterminant dans la différenciation sexuelle : le gène SRY *(Sex determining Region of Y chromosome)*.

<table>
<tr><th>sexe génétique</th><th colspan="2">XY</th><th>XX</th></tr>
<tr><td>1re étape ↓</td><td colspan="2">cellules somatiques (crêtes génitales)
↓
expression de SRY
↓
synthèse de TDF*
↓
différenciation des cellules somatiques en cellules de Sertoli
↓
cellules de Sertoli induisent la différenciation des cellules de Leydig</td><td>cellules somatiques
↓
pas de gène SRY
↓
pas de TDF*
↓
formation des follicules ovariens</td></tr>
<tr><th>sexe gonadique</th><th colspan="2">testicules</th><th>ovaires</th></tr>
<tr><td rowspan="3">2e étape ↓</td><td>cellules de Leydig
↓
testostérone
↓
différenciation du tractus génital mâle</td><td>cellules de Sertoli
↓
AMH**
↓
involution des canaux de Müller</td><td>follicules (cellules de la thèque)
↓
œstrogènes
↓
différenciation du tractus génital femelle</td></tr>
<tr><td colspan="2">puberté</td><td>puberté</td></tr>
<tr><td colspan="2">testostérone
↓</td><td>œstrogènes
↓</td></tr>
<tr><th>sexe phénotypique</th><th colspan="2">appareil génital mâle fonctionnel et caractères sexuels secondaires</th><th>appareil génital femelle fonctionnel et caractères sexuels secondaires</th></tr>
</table>

** TDF (Testis Determining Factor) : protéine*
*** AMH (AntiMullerian Hormone) : glycoprotéine*

Remarque : l'involution des canaux de Wolff chez la femelle se produit en raison de l'**absence de testostérone** et non par action des œstrogènes.

5. Les individus intersexués

Les individus intersexués présentent une inversion sexuelle (contradiction entre sexe génétique et sexe phénotypique). Deux causes sont possibles :

- la translocation du gène SRY sur le chromosome X : mâle XX ;
- une mutation du gène SRY (protéine TDF absente ou non fonctionnelle) : femelle XY.

Chapitre 2 :

Les phénomènes cellulaires de la reproduction

I. La méiose

Édouard van Beneden (1846-1910) montra qu'ovules et spermatozoïdes ont le même nombre de chromosomes (n) et que les cellules germinales dont ils sont issus possèdent deux fois plus de chromosomes (2n). Le passage de la phase diploïde (2n) à la phase haploïde (n) est le résultat d'un processus de division particulier appelé méiose. Les cellules haploïdes produites contiennent un chromosome de chaque paire et sont appelées gamètes.

Ce qu'il faut **vraiment** retenir !

La méiose est la succession de deux divisions cellulaires, consécutives à une seule phase de réplication de l'ADN, qui permet la production de cellules haploïdes (n) à partir d'une cellule diploïde (2n).

Schéma 1 : **une comparaison du déroulement général de la méiose et de la mitose**

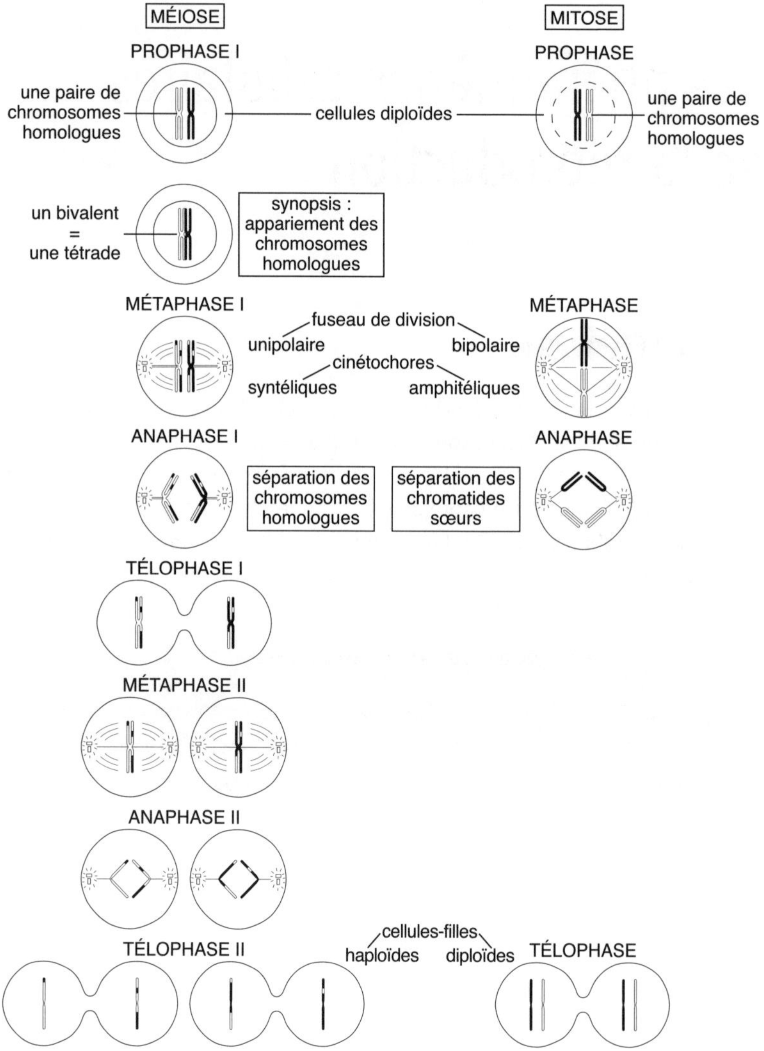

1. Le déroulement de la méiose

Les différents stades de la méiose sont décrits ci-dessous tels qu'ils se déroulent chez les Mammifères, mais on observe des phénomènes très semblables chez de nombreux autres organismes.

a. L'interphase ou l'intercinèse

L'interphase précédant une méiose ne diffère pas de celle précédant une mitose :
- le matériel génétique est répliqué au cours de la phase S ;
- chaque chromosome possède deux chromatides-sœurs associées par le centromère en phase G_2.

b. La première division méiotique : division réductionnelle ou hétérotypique

La première division méiotique est qualifiée de réductionnelle car elle aboutit à la réduction du nombre de chromosomes :
une cellule souche germinale diploïde (2n) → deux cellules-filles haploïdes (n)

La prophase I ou préméiose

Phase extrêmement allongée (peut occuper 90 % ou plus de la durée totale de la méiose).
La prophase I se subdivise en cinq stades :
- leptotène ;
- zygotène ;
- pachytène ;
- diplotène ;
- diacinèse.

Au cours de cette prophase I :
- l'enveloppe nucléaire et le nucléole sont présents ;
- l'ADN se condense progressivement ;
- les chromosomes homologues s'apparient (synapsis) et échangent des séquences nucléotidiques (recombinaison génétique).

Ce qu'il faut **vraiment** retenir !

L'appariement des chromosomes homologues est une caractéristique de la méiose.

Le leptotène

(*leptos* : mince, fin ; *taenia* : ruban, filament)

Les chromosomes sont :

- bichromatidiens ;
- peu condensés mais visibles ;
- reliés à l'enveloppe nucléaire.

Schéma 2 : **le leptotène**

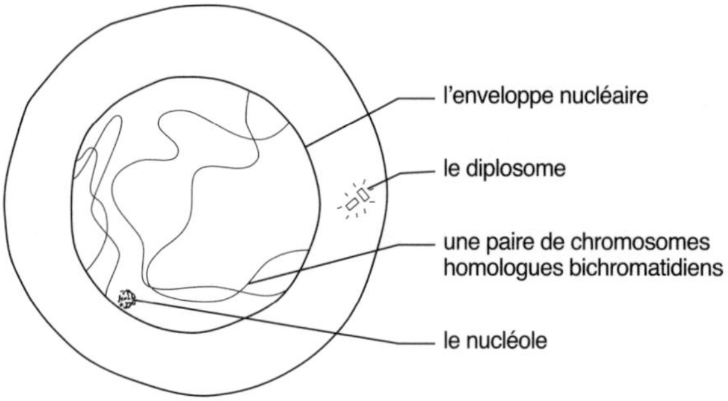

Le zygotène

(*zygos* : joug ; *taenia* : ruban, filament)

La séparation ultérieure des chromosomes homologues (en anaphase I) ne peut s'effectuer que s'il y a eu reconnaissance préalable et appariement de ces derniers :

- formation du complexe synaptonémal ou synaptonématique ;

– appariement étroit (synapsis) des chromosomes homologues (par l'intermédiaire du complexe synaptonémal).

Schéma 3 : **le zygotène**

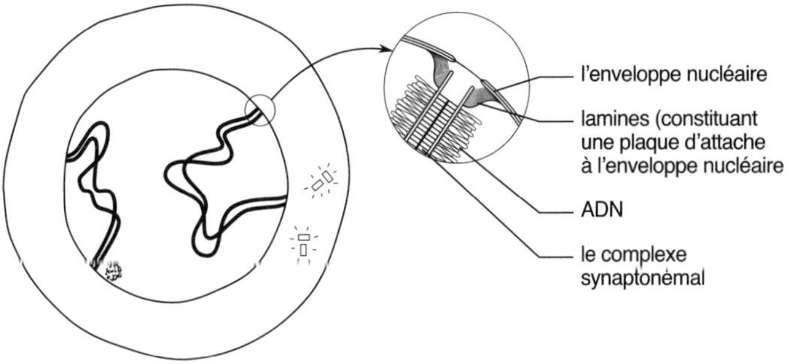

! Une paire de chromosomes homologues = un bivalent = une tétrade.

Le pachytène

(*pakhus* : épais ; *taenia* : ruban, filament)

À ce stade, le synapsis est complet.

Au niveau de chaque bivalent, on observe :

– l'apparition de nodules de recombinaison (complexes enzymatiques) sur les complexes synaptonémaux ;
– des échanges de fragments homologues de chromatides (brassage intrachromosomique).

Il y a formation de la vésicule sexuelle chez le mâle.

Schéma 4 : **le pachytène**

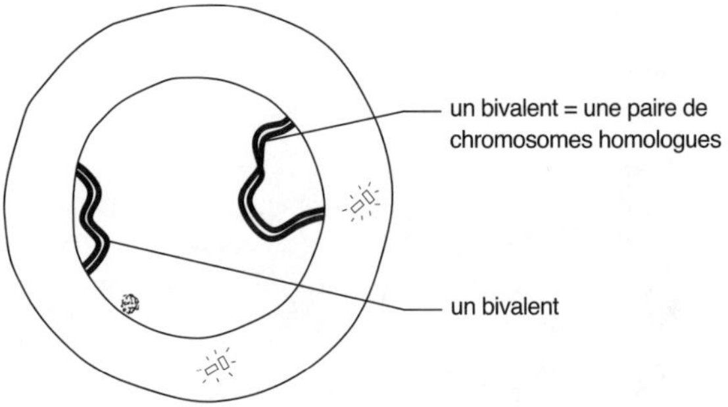

Le diplotène

(*diplos* : double ; *taenia* : ruban, filament)

À ce stade, il y a :

- disparition du complexe synaptonémal ;
- dissociation des bivalents (qui restent liés au niveau des chiasmata) ;
- duplication des cinétochores (ou kinétochores) ;
- disparition de la vésicule sexuelle.

Schéma 5 : **le diplotène**

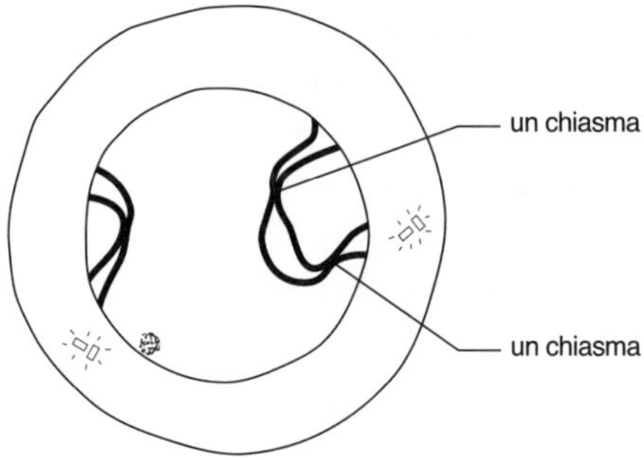

! Les chiasmata sont des points de contact entre chromosomes homologues, qui persistent après ouverture des complexes synaptonémaux.

La diacinèse

(*dia* : à travers ; *kinesis* : mouvement)

Lors de la diacinèse, on assiste :

- au détachement des télomères fixés à l'enveloppe nucléaire ;
- à la terminalisation des chiasmata (= glissement des chiasmata vers les télomères) ;
- au début de la formation du fuseau de division.

À ce stade, les bivalents sont des formations en croix ou en cercles.

Schéma 6 : **la diacinèse**

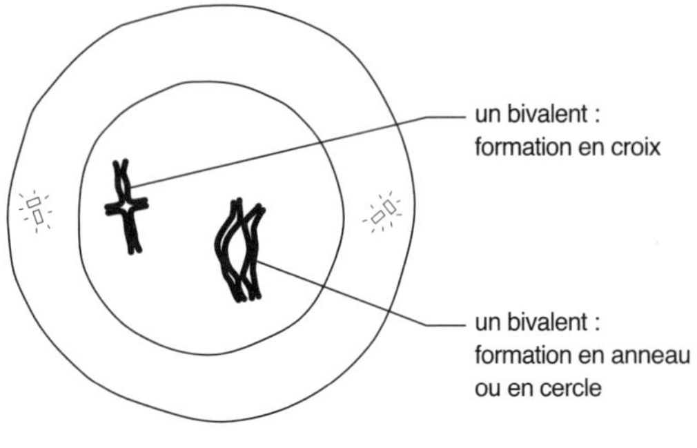

La prométaphase I

Au cours de cette phase on a :

- disparition de l'enveloppe nucléaire et du nucléole ;
- développement du fuseau de division (fuseau unipolaire ; cinétochores syntéliques).

La métaphase I

Les bivalents (4 chromatides recombinées) se positionnent sur la plaque équatoriale.

L'anaphase I

Éléments caractéristiques de l'anaphase I de méiose :
- fuseau de division unipolaire ;
- cinétochores liés et en position syntélique (= dirigés vers un même pôle) ;
- présence de la protéine Rec8 (cohesin) ;
- centromères non clivés.

> Ce qu'il faut **vraiment** retenir !
>
> *L'événement caractéristique de l'anaphase I est la séparation des chromosomes homologues sans séparation des chromatides-sœurs de chaque chromosome.*

La télophase I

Étape rapide avec ou sans reconstitution de l'enveloppe nucléaire.
La cellule-mère se divise en deux cellules-filles **haploïdes** (n chromosomes à deux chromatides).

Remarque : la division du cytoplasme est appelée cytocinèse ou cytodiérèse.

c. L'interphase ou l'intercinèse

! Il n'y a pas d'interphase vraie (pas de phase S) entre la première et la seconde division méiotique donc pas de réplication de l'ADN.

d. La seconde division méiotique : division équationnelle ou homéotypique

Il s'agit d'une division classique :
- fuseau de division bipolaire ;
- cinétochores en position amphitélique (= dirigés chacun vers un pôle) ;
- clivage des centromères ;
- disparition de la protéine Rec8 ;
- séparation des chromatides-sœurs de chaque chromosome.

e. Une comparaison de la méiose et de la mitose

	Méiose		Mitose
	M1	M2	
Durée, déroulement	processus lent (plusieurs jours à plusieurs années) ; discontinu (chez la femelle)		processus rapide (quelques dizaines de minutes)
Activité génique	transcription intense (stade pachytène, sauf X et Y)	pas de transcription	pas de transcription
Chromosomes homologues	appariement (synapsis)		non appariement
Fuseau de division	unipolaire	bipolaire	bipolaire
Cinétochores	syntéliques	amphitéliques	amphitéliques
Centromères	pas de clivage	clivage	clivage
Anaphase	séparation des chromosomes homologues	séparation des chromatides-sœurs	séparation des chromatides-sœurs
Chromatides	recombinées	recombinées	non recombinées
Résultat	cellules haploïdes (n chromosomes à 2 chromatides), génétiquement différentes	cellules haploïdes (n chromosomes à 1 chromatide), génétiquement différentes	cellules diploïdes (2n chromosomes à 1 chromatide), génétiquement identiques

2. Les recombinaisons génétiques et le brassage des gènes

L'appariement des chromosomes homologues au cours de la prophase I permet les recombinaisons génétiques et le brassage des allèles parentaux. De nouvelles combinaisons de gènes apparaissent, qui seront soumises à la sélection naturelle.

Schéma 7 : **la recombinaison génétique et le brassage des gènes**

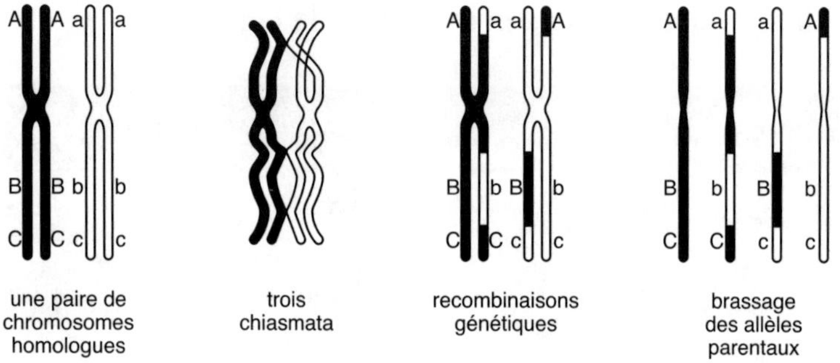

a. L'appariement et la ségrégation des chromosomes

Les complexes synaptonémaux

! La présence de complexes synaptonémaux est une caractéristique de la méiose.

Les chromatides homologues sont liées par un complexe synaptonémal en prophase I (stades zygotène et pachytène).

Les cinétochores

Les cinétochores sont des structures trilamellaires paracentromériques. Ils se forment sur chaque chromatide au cours de la prophase et servent de point d'ancrage des microtubules du fuseau de division au chromosome.

Les cinétochores syntéliques

Les cinétochores des deux chromatides-sœurs fonctionnent comme **une unité**. Les microtubules cinétochoriens sont orientés vers le même pôle.

Les cinétochores amphitéliques

Les cinétochores des deux chromatides-sœurs sont **indépendants**. Les microtubules cinétochoriens sont orientés vers des pôles opposés.

Schéma 8 : **les cinétochores syntéliques et amphitéliques**

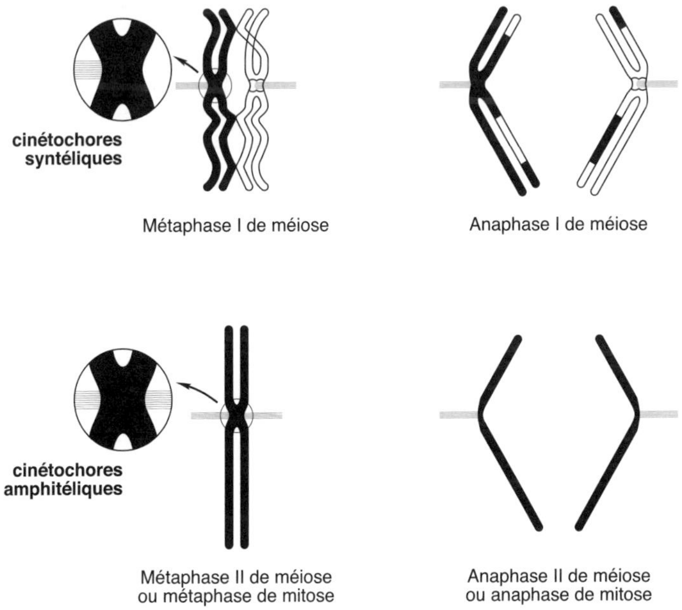

b. Les anomalies de la méiose

La non-disjonction

La non-disjonction méiotique entraîne une aneuploïdie (nombre anormal de chromosomes). Après la fécondation, le caryotype du zygote présente alors l'une ou l'autre de ces anomalies :

— une trisomie : présence d'un chromosome surnuméraire (au niveau d'une paire de chromosomes homologues) ;

— une monosomie : perte d'un des chromosomes homologues.

Ces aneuploïdies sont dues à :

— une non-disjonction en anaphase I de méiose : deux chromosomes homologues migrent vers le même pôle ;

— une non-disjonction en anaphase II de méiose : deux chromatides-sœurs migrent vers le même pôle.

Les trisomies observées à la naissance :

— les trisomies autosomiques 21, 18 et 13 ;

— les trisomies gonosomiques (47,XXX), (47,XXY), (47,XYY).

Les monosomies observées à la naissance :

— les monosomies autosomiques : très rares (létales dès l'embryogenèse) ;

— les monosomie X (syndrome de Turner).

L'asyndèse

Défaut d'appariement (partiel ou total) des chromosomes homologues → blocage du processus et infertilité.

II. La gamétogenèse

Organismes étudiés : Sélaciens, Amphibiens, Oiseaux, Mammifères.

La gamétogenèse est un processus complexe de transformation des cellules germinales primordiales en cellules haploïdes hautement spécialisées : les gamètes.

La gamétogenèse mâle ou **spermatogenèse** aboutit à la formation des **spermatozoïdes**.
La gamétogenèse femelle ou **ovogenèse** permet la production des **ovules**.

1. Les gamètes

a. Le spermatozoïde

Schéma 9 : **le spermatozoïde humain**

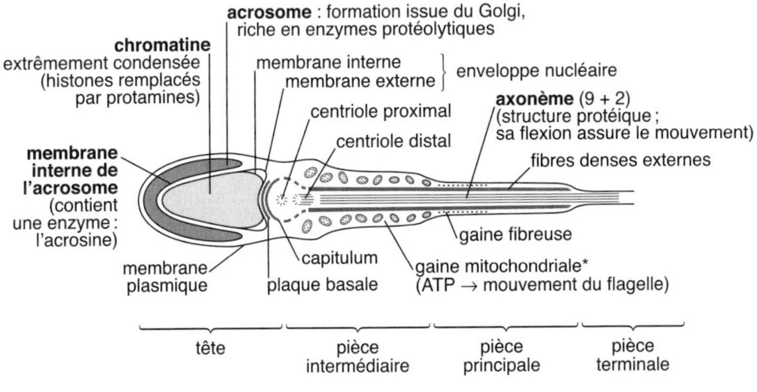

* *selon les espèces, une ou plusieurs mitochondries*

b. L'ovule

Le mécanisme de l'ovogenèse varie plus que celui de la spermatogenèse en fonction des espèces. Ainsi distingue-t-on différents types de gamètes femelles (cf. annexe p. 85).

L'ovocyte d'Amphibien

Schéma 10 : **l'ovocyte de grenouille**

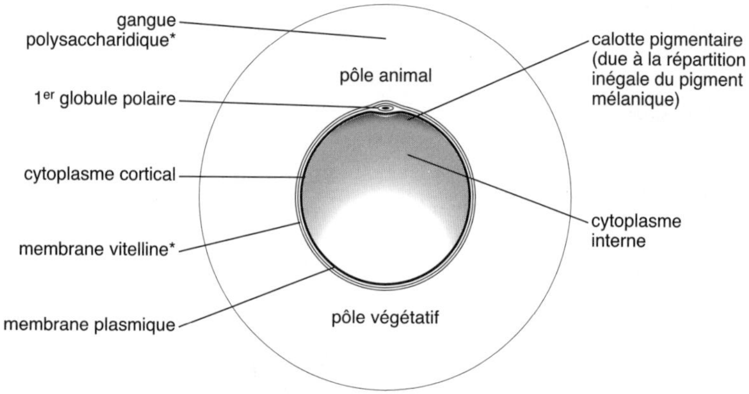

** enveloppes formées au cours de la descente du gamète dans l'oviducte.*

La gangue polysaccharidique

Elle limite la fécondation de l'ovocyte par un spermatozoïde issu d'une autre espèce.

Le cytoplasme cortical

Il contient des granules corticaux.

Le cytoplasme interne

Il est hétérogène. La répartition des constituants cytoplasmiques est inégale :

– ARN, ribosomes et pigments sont distribués selon un gradient décroissant, du pôle animal vers le pôle végétatif ;

— les plaquettes vitellines se répartissent suivant un gradient croissant, du pôle animal vers le pôle végétatif.

L'œuf d'Oiseau

Schéma 11 : **l'œuf de poule**

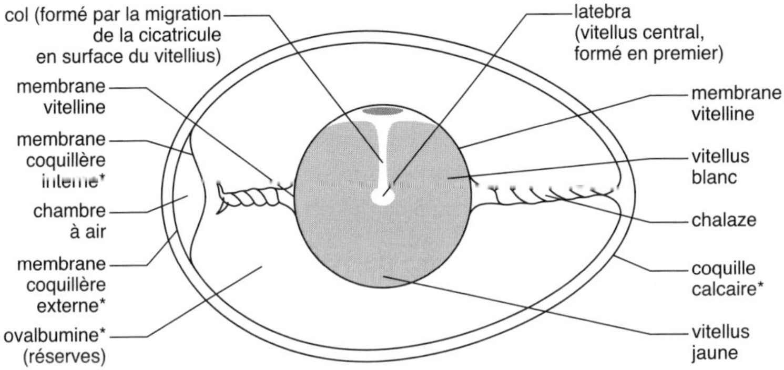

** formation lors du trajet dans l'oviducte.*

La structure de l'œuf est commune à tous les Oiseaux. On observe la même organisation chez les Reptiles, mais avec une coquille membraneuse.

Le vitellus jaune

Le vitellus jaune, riche en lipides, est fabriqué par le foie. La synthèse est diurne.

Le vitellus blanc

Le vitellus blanc, riche en protéines, est fabriqué par le foie. La synthèse est nocturne.

L'ovule de Mammifère

Les granules corticaux

Ce sont des vésicules issues de l'appareil de Golgi. Ces granules contiennent des protéases (qui permettent le blocage de la polyspermie) et des glycosaminoglycanes (pour la formation de la membrane de fécondation).

Schéma 12 : **l'ovocyte chez la femme**

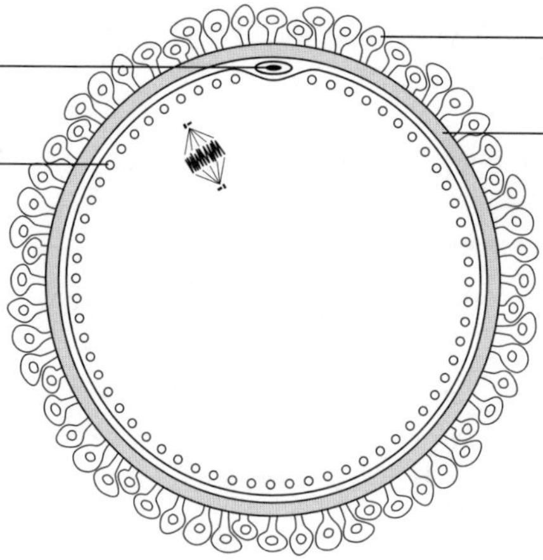

La membrane pellucide ou zone pellucide

Cette membrane est constituée de protéines et de glycosaminoglycanes.

Elle contient notamment trois groupes principaux de glycoprotéines, ZP1 (zona pellucida 1), ZP2 et ZP3 :

- ZP2 et ZP3 sont associées en alternance et forment des filaments reliés entre eux par ZP1 ;
- ZP3 est un récepteur → liaison à des protéines membranaires du spermatozoïde.

! La membrane pellucide assure deux rôles majeurs :
- lier le spermatozoïde ;
- initier la réaction acrosomique.

c. La comparaison des gamètes mâle et femelle

	Spermatozoïde	Ovule
Structure		
cytoplasme	volume très réduit : - dépourvu de certains organites (ribosomes, réticulum endoplasmique, Golgi) - nombreuses mitochondries	volume important : - réserves vitellines plus ou moins importantes - nombreux ARN - nombreux ribosomes - nombreux précurseurs pour la synthèse des macromolécules - nombreuses mitochondries
noyau	ADN très condensé ; volume nucléaire minimum pour faciliter le transport	noyau volumineux (réserves de protéines nucléaires)
taille	petite cellule (quelques dizaines de microns)	grosse cellule (souvent la plus grosse de l'organisme : 100 µm à plusieurs cm)
Rôle	conduire les gènes paternels jusqu'à l'ovocyte	- fournir les gènes maternels - fournir les éléments nécessaires à tout ou partie du développement
Mobilité	très mobile	non mobile

2. La spermatogenèse

! La spermatogenèse est l'ensemble des processus permettant la différenciation d'une spermatogonie en spermatozoïde.

a. Le déroulement de la spermatogenèse

La spermatogenèse se déroule en trois étapes :

- la phase de multiplication goniale : période de multiplication des spermatogonies ;
- la méiose : transformation des cellules souches diploïdes en cellules haploïdes ;
- la spermiogenèse : étape de différenciation des spermatides en spermatozoïdes.

Schéma 13 : **la multiplication des spermatogonies**

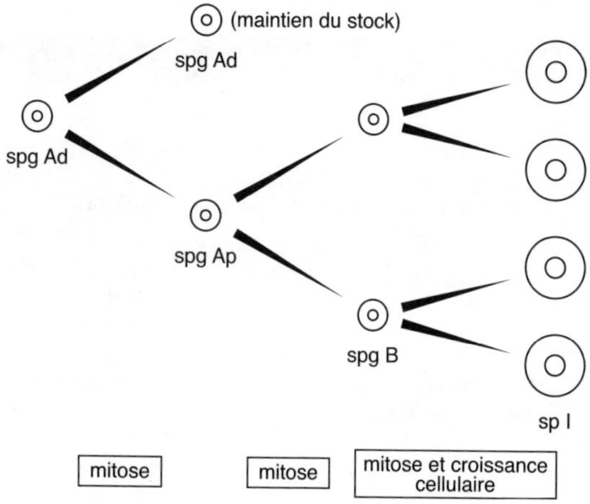

Schéma 14 : **la méiose chez le mâle**

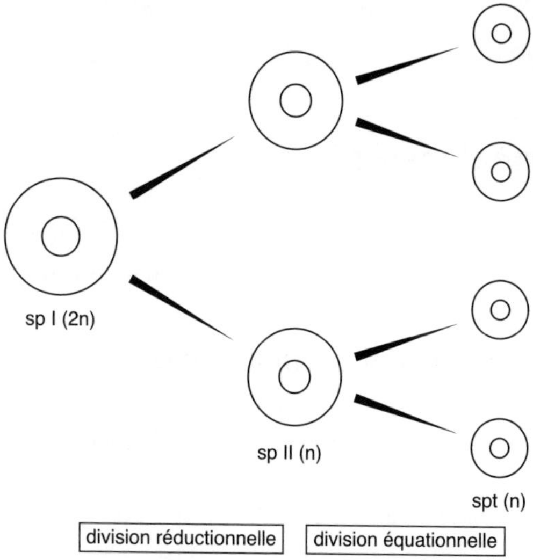

Schéma 15 : **la spermiogenèse**

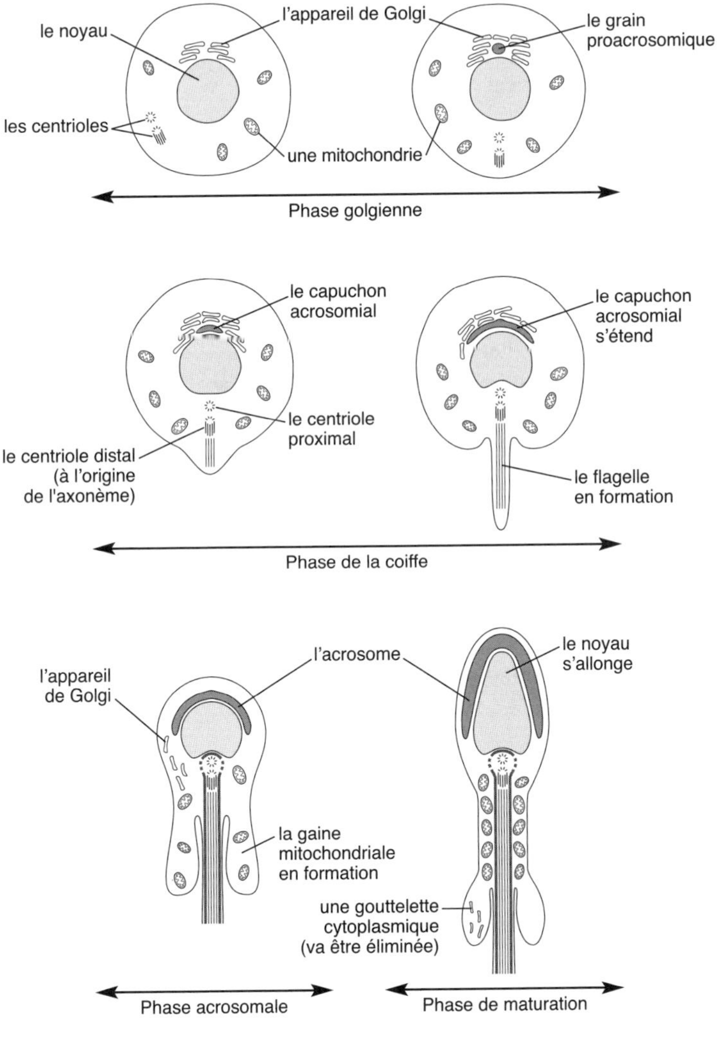

Lors de la spermiogenèse, on observe (principalement) :
- des modifications au niveau du noyau :
  - sa condensation : les histones sont remplacés par des protéines de transition puis par des protamines,
  - son allongement ;
- la formation de l'acrosome (à partir de l'appareil de Golgi) :
  - formation de vésicules contenant des enzymes protéolytiques,
  - fusion de ces vésicules → grain proacrosomial puis capuchon acrosomial,
  - développement du capuchon acrosomial → acrosome ;
- la formation de la pièce intermédiaire :
  - migration et accumulation des mitochondries au niveau de la partie initiale du flagelle ;
- la formation du flagelle :
  - migration des centrioles au pôle basal (opposé à l'acrosome),
  - formation de l'axonème à partir du centriole distal,
  - allongement de l'axonème ;
- l'élimination d'une partie du cytoplasme :
  - formation de gouttelettes cytoplasmiques (contenant Golgi, réticulum endoplasmique et ribosomes).

! La spermatogenèse est **centripète** : les spermatogonies sont situées contre la membrane basale et les spermatozoïdes sont libérés dans la lumière du tube séminifère.

Vocabulaire :

aspermie (*a* : sans ; *sperma* : semence) : absence de sperme

azoospermie (*zoo* : animal, être vivant) : sperme dépourvu de spermatozoïdes

oligozoospermie (*oligo* : peu, en petite quantité) : concentration en spermatozoïdes dans le sperme réduite (inférieure à 20 millions par millilitre chez l'homme)

asthénozoospermie (*a* : sans ; *stenos* : force) : trouble de la mobilité des spermatozoïdes

tératozoospermie (*térato* : monstre) : sperme dans lequel la proportion de spermatozoïdes anormaux dépasse un cinquième

b. Le cycle spermatogénétique (chez l'homme)

L'ensemble des différentes étapes de la spermatogenèse constitue un cycle spermatogénétique.

Chez l'homme, ce cycle est de 74 jours :

spg Ap $\xrightarrow[18\text{ j}]{}$ spg B $\xrightarrow[9\text{ j}]{}$ sp I $\xrightarrow[23\text{ j}]{}$ sp II $\xrightarrow[1\text{ j}]{}$ spermatide $\xrightarrow[23\text{ j}]{}$ spermatozoïde

Les cellules souches débutent la spermatogenèse périodiquement (tous les 16 à 18 jours chez l'homme).

En théorie, une spermatogonie Ap (cellule initiant la spermatogenèse) est à l'origine de 16 spermatides. En réalité, 25 % des cellules dégénèrent entre les stades spermatocyte I et spermatide.

c. Les relations entre les cellules germinales mâles

Ce qu'il faut **vraiment** comprendre !

Toutes les cellules-filles issues d'une spermatogonie débutant la spermatogenèse restent liées par des ***ponts cytoplasmiques*** *durant tout le déroulement de la spermatogenèse (phénomène dû à une cytodiérèse incomplète à chaque division).*

Les cellules germinales se développent au sein d'un syncytium ce qui permet :

- un développement synchrone ;
- la circulation de molécules *via* les ponts cytoplasmiques (en particulier, des molécules essentielles issues de l'expression de gènes présents sur le chromosome X, chromosome dont sont dépourvues la moitié des cellules germinales après la télophase I).

d. Les spermatogenèses cystique et tubulaire

Schéma 16 : **un testicule cystique (roussette)**

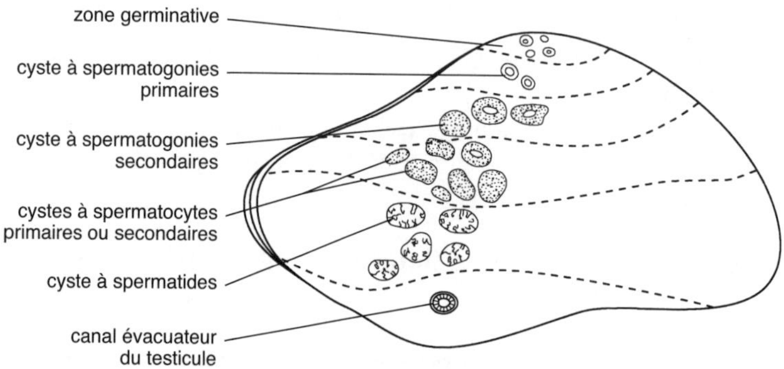

Schéma 17 : **un testicule cystique (grenouille)**

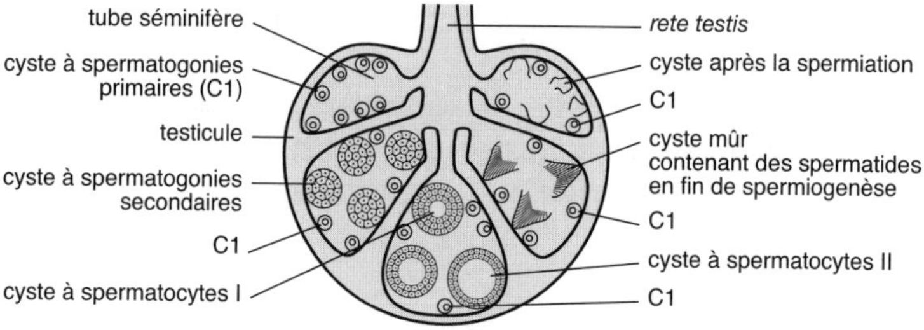

Une comparaison de la spermatogenèse chez les Anamniotes et chez les Amniotes :

	Anamniotes (Sélacien)	Amniotes (Mammifère)
Structure testiculaire dans laquelle se déroule la spermatogenèse	cyste (gamétogenèse cystique)	tube séminifère (gamétogenèse tubulaire)
Zone d'initiation de la spermatogenèse	zone germinative du testicule	compartiment basal de la paroi du tube séminifère
Zone dans laquelle se déroule la spermatogenèse	épaisseur du testicule	épaisseur de l'épithélium séminifère
Nombre de générations de cellules germinales	dans un cyste : 1 génération	dans une section de tube : 4 générations
Évolution d'une génération de cellules germinales	synchrone	synchrone
Lieu de spermiation	canal évacuateur du testicule	lumière du tube séminifère

3. L'ovogenèse

! L'ovogenèse est l'ensemble des processus permettant la différenciation d'une ovogonie en ovule.

a. Le déroulement de l'ovogenèse (chez la femme)

Schéma 18 : **les principales étapes de l'ovogenèse**

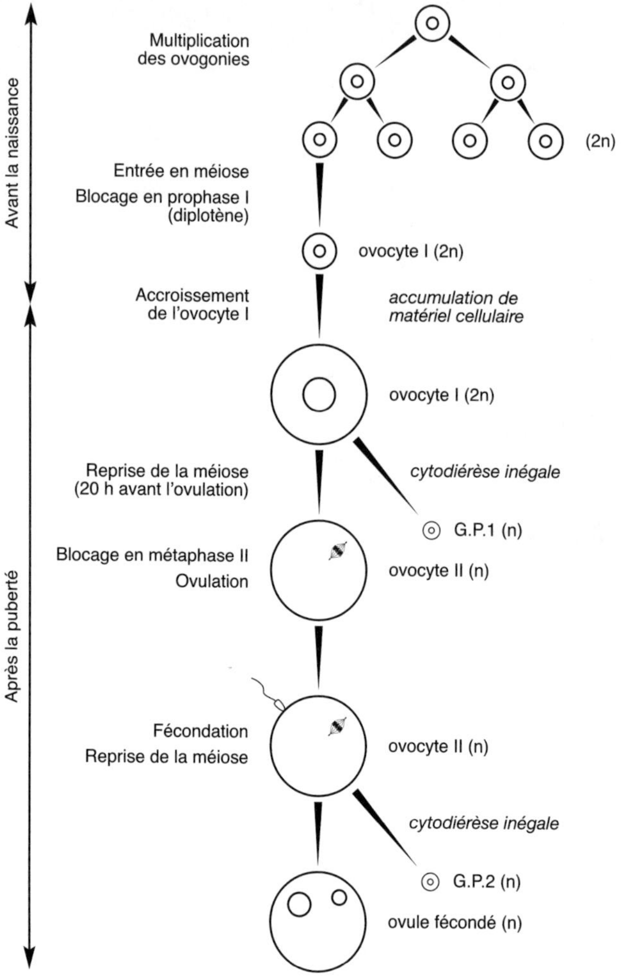

La multiplication des ovogonies

Cette multiplication est extrêmement active durant la vie fœtale. Cela aboutit à la production de 7 millions d'ovogonies.

L'entrée en méiose, l'accroissement et la préparation de la fécondation

Les ovogonies entrent en méiose → deviennent des ovocytes I ;
La méiose s'arrête en prophase I (stade diplotène) → phase d'accroissement.

Schéma 19 : **la relation cellules folliculaires-ovocyte I**

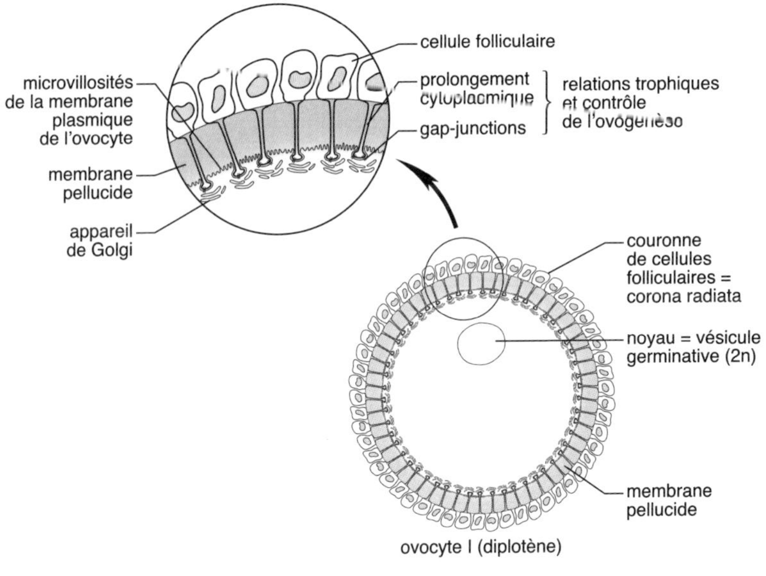

Le blocage de la méiose

Les cellules folliculaires sécrètent un facteur (OMI : oocyte meiotic inhibitor) induisant l'arrêt de la méiose au stade diplotène.

L'accroissement

Accumulation du matériel cellulaire nécessaire au développement précoce de l'embryon :

- développement du hyaloplasme et des organites ;
- transcription active → ARNr, ARNt, ARNm ;
- synthèse de nombreuses protéines ;
- vitellogenèse (réserves énergétiques).

! Chez les amphibiens notamment, au stade diplotène, on remarque la présence de chromosomes en écouvillon → intense activité transcriptionnelle.

La formation de la zone pellucide et des granules corticaux

Il y a synthèse des protéines ZP1, ZP2 et ZP3 notamment (10 % des synthèses protéiques totales de l'ovocyte).

La poursuite de la méiose

La levée de l'inhibition exercée par les cellules folliculaires provoque :

- l'expulsion du 1er globule polaire ;
- la transformation de l'ovocyte I en ovocyte II.

L'ovocyte II reste bloqué en métaphase II jusqu'à la fécondation.

La fin de la méiose

Elle est provoquée par la fécondation.

b. Les follicules ovariens (chez la femme)

L'ovogenèse se déroule au sein de structures somatiques particulières : les follicules ovariens.

Schéma 20 : **les follicules primordial, primaire, secondaire, etc.**

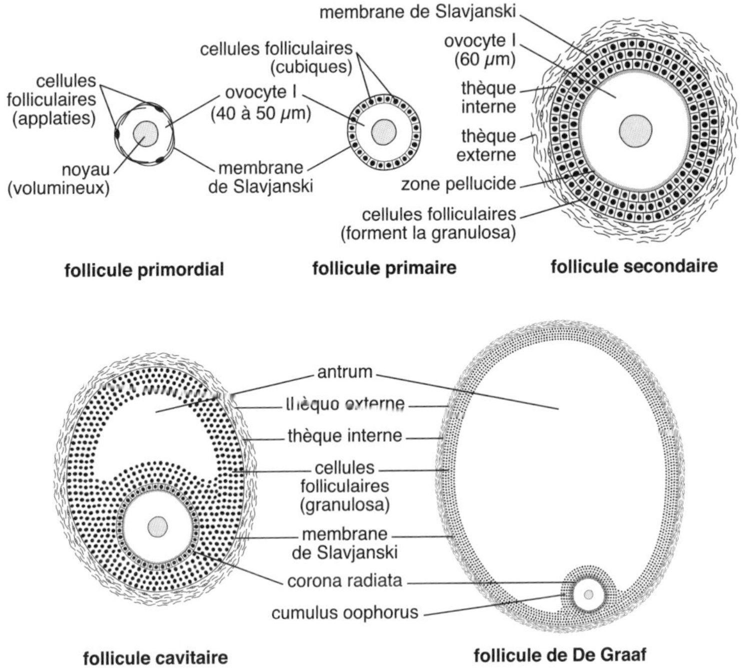

L'atrésie folliculaire

Dégénérescence de la plupart des follicules, sous contrôle hormonal :

– débute durant la vie embryonnaire et se poursuit jusqu'à la ménopause ;

– concerne tous les stades de développement des follicules.

Les cellules de la thèque interne des follicules atrésiques forment une glande interstitielle → sécrétion d'œstrogènes jusqu'à la ménopause.

! Environ 400 follicules parviendront au stade de follicule de De Graaf entre la puberté et la ménopause (estimation).
Tous les autres subiront l'atrésie folliculaire.

4. La comparaison des gamétogenèses mâle et femelle (chez l'homme)

	Spermatogenèse	Ovogenèse
Temps nécessaire à la formation d'un gamète	74 jours	12 à 50 ans
Phase de multiplication goniale	période fœtale, reprise à la puberté	période fœtale
Stock de cellules souches	constant	diminue avec le temps (atrésie folliculaire)
Phase d'accroissement	faible accroissement du spermatocyte I	accroissement notable de l'ovocyte I
Cytodifférenciation	après la méiose	au début de la méiose (diplotène)
Nombre de gamètes produits	plusieurs centaines de millions par éjaculat	environ 400 ovules au total, 1 par cycle
Méiose	**Mâle**	**Femelle**
déroulement	continu	discontinu
début	à la puberté	dès le stade fœtal*
cytodiérèse	incomplète	complète
position de la plaque métaphasique	centrale	périphérique
répartition du cytoplasme	égale	inégale
comportement des gonosomes	gonosomes X et Y très condensés et isolés dans la vésicule sexuelle	pas de vésicule sexuelle, réactivation de l'X
gamètes produits	4 cellules haploïdes	1 cellule haploïde
à l'issue de la méiose	différenciation inachevée	gamète différencié et fécondé

** La méiose débute dès le stade fœtal c'est pourquoi les cellules germinales ne peuvent plus se diviser par la suite. En effet, une cellule qui a débuté sa différenciation perd la capacité de se multiplier par mitose.*

III. La fécondation

1. La fécondance

Organismes étudiés : Mammifères.

! La fécondance est l'aptitude du spermatozoïde à féconder l'ovule.
Pour être fécondant, un spermatozoïde doit être **mobile**
et capable de **se lier** au gamète femelle.

La fécondance s'acquière en deux étapes : dans l'épididyme puis dans le tractus génital femelle.

a. La maturation épididymaire ou différenciation post-testiculaire

Il s'agit de la **fin** de la **différenciation** des spermatozoïdes lors de la traversée de l'épididyme.

Les modifications induites par les protéines présentes dans les sécrétions épididymaires

L'acquisition de la mobilité fléchante

La mobilité fléchante est la capacité à suivre une trajectoire linéaire. Elle est obtenue par fixation de protéines épididymaires, dites *de mobilité*, sur la tête du spermatozoïde.

Bien qu'ayant acquis la mobilité fléchante, les spermatozoïdes sont **maintenus immobiles** par les caractéristiques du milieu :

- le liquide épididymaire :
  - présence de molécules particulières,
  - volume réduit,
  - pression osmotique forte,
  - pH plus bas ;
- la température :
  - inférieure de plusieurs degrés à celle de la cavité abdominale.

L'acquisition de l'aptitude à se fixer au gamète femelle

La capacité à se fixer sur la zone pellucide

Au niveau de l'acrosome, on assiste à la mise en place de structures d'adhésion (notamment la galactosyltransférase pour la fixation à l'extrémité N-acétylglucosamine de ZP3).

La capacité à se fixer sur la membrane plasmique de l'ovocyte

Cette aptitude implique :
— la mise en place de récepteurs sur la région post-acrosomique ;
— le remaniement de la membrane plasmique.

Remarque : certaines molécules des sécrétions épididymaires maintiennent les spermatozoïdes « au repos ».

b. La capacitation

Il s'agit de l'acquisition complète du pouvoir fécondant grâce à un ensemble de modifications des spermatozoïdes au contact des sécrétions génitales femelles. En franchissant le col de l'utérus, les spermatozoïdes sont débarrassés du plasma séminal. La capacitation se déroule dans l'utérus et dans les trompes :
— modifications au niveau des protéines et des lipides membranaires afin de :
  • dévoiler certains sites de fixation au gamète femelle,
  • préparer la réaction acrosomale,
  • faciliter la fusion avec la membrane plasmique de l'ovocyte ;
— augmentation du métabolisme cellulaire du spermatozoïde qui devient « hyperactif ».

2. La fécondation

Le processus cellulaire de la fécondation chez les Mammifères est étudié ici chez la femme. La fécondation est l'union d'un spermatozoïde avec un ovocyte de deuxième ordre (ovocyte II). Elle a lieu dans les trompes de Fallope et aboutit à la formation d'un zygote = œuf ou ovule fécondé.

Remarque : suivant la quantité et l'organisation des réserves vitellines, on distingue différents types d'œufs chez les Vertébrés (cf. annexe p. 85).

Les différentes étapes de la fécondation sont :

— la reconnaissance et l'adhérence :
  - dissociation partielle des cellules de la corona radiata par la hyaluronidase synthétisée par les spermatozoïdes,
  - fixation des galactosyltransférases du spermatozoïde sur les résidus N-acétyl-glucosamines de ZP3 (O-oligosaccharides) de la zone pellucide ;

— la réaction acrosomiale :
  - libération des protéases de l'acrosome,
  - hydrolyse de ZP1 par l'acrosine (enzyme), libérant les filaments ZP2-ZP3,
  - digestion de la zone pellucide,
  - progression du spermatozoïde dans l'espace périvitellin ;

— la fusion des membranes plasmiques spermatique et ovocytaire ;

— l'incorporation du spermatozoïde dans le cytoplasme de l'ovocyte :
  - dépolarisation de la membrane de l'ovocyte (blocage rapide de la polyspermie),
  - afflux de calcium intracellulaire,
  - accroissement du métabolisme et intense synthèse protéique ;

— la réaction corticale :
  - libération de protéases par les granules corticaux dans l'espace périvitellin,
  - modification des protéines ZP3 (O-oligosaccharides) par les protéases, ce qui les rend incapables de fixer de nouveaux spermatozoïdes (blocage lent de la polyspermie),
  - décollement de la zone pellucide = mise en place de la membrane de fécondation ;

— l'achèvement de la 2e division méiotique de l'ovocyte II (bloqué en métaphase II) :
  - décharge calcique provoquant une série de phosphorylations,
  - dégradation de CSF (cytostatic factor) et MPF (M-phase promoting factor),
  - reprise de la méiose avec expulsion du second globule polaire,
  - apparition d'une enveloppe nucléaire : formation du pronucléus femelle ;

— la formation du pronucléus mâle :
  - disparition de l'enveloppe nucléaire du spermatozoïde,
  - décondensation de la chromatine,
  - remplacement des protamines par les histones,
  - apparition de l'enveloppe nucléaire du pronucléus mâle ;

— la fusion des pronucléi femelle et mâle :
  - en métaphase de première division de segmentation : les chromosomes des deux gamètes se rassemblent sur la plaque équatoriale du premier fuseau achromatique (issu du spermatozoïde),
  - après la première division de segmentation : les chromosomes mâles et femelles se réunissent au sein d'un même noyau.

Schéma 21 : **la fécondation chez les Mammifères (souris)**

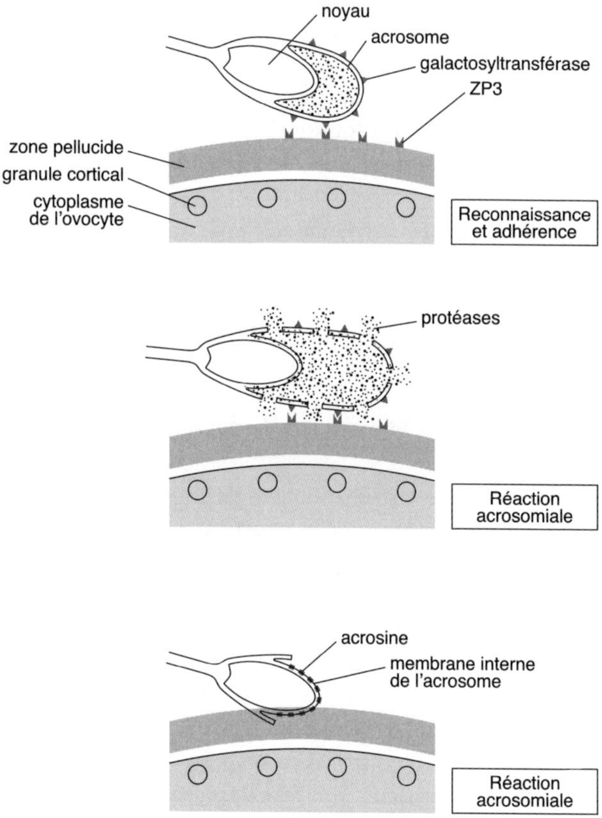

Chapitre 3 :

La physiologie de la reproduction

La physiologie de la reproduction est traitée uniquement chez les Mammifères.

I. La physiologie du testicule

Le testicule est une **glande endocrine** dont le fonctionnement est continu à partir de la puberté.

Les hormones sécrétées sont de deux types :

- stéroïdes ;
- protéiques.

L'activité endocrine du testicule permet notamment le déroulement de la **spermatogenèse**.

1. L'anatomie fonctionnelle du testicule chez l'homme

a. Le contrôle de la température

La température au niveau des testicules est maintenue aux environs de 34 °C (une élévation de la température abaisse le rendement de la spermatogenèse) :

- les testicules sont en position **extra-abdominale** et il y a de nombreuses glandes sudoripares au niveau du scrotum ;
- il existe une vascularisation testiculaire particulière : le **plexus pampiniforme**. La veine testiculaire forme une sorte de manchon autour de l'artère testiculaire (système à contre-courant pour refroidir le sang).

b. La compartimentation du testicule

La barrière hémato-testiculaire

La présence de jonctions serrées, étanches (tight junctions) entre deux cellules de Sertoli adjacentes délimite deux compartiments. Les cellules germinales y sont réparties (selon le stade de différenciation) :

- Le compartiment **basal** : spermatogonies et spermatocytes I (jusqu'au pré-leptotène) ;
- Le compartiment **apical** = **adluminal** : spermatocytes I et II, spermatides.

La barrière hémato-testiculaire s'installe à la puberté.

Ce qu'il faut **vraiment** comprendre !

Les jonctions serrées interdisent toute diffusion entre les compartiments basal et adluminal ; les molécules issues du liquide interstitiel ***transitent obligatoirement*** *par le cytoplasme sertolien (filtre).*
La méiose et la spermiogenèse s'effectuent dans un ***environnement spécifique****, isolé du milieu intérieur.*

Schéma 1 : **la barrière hémato-testiculaire**

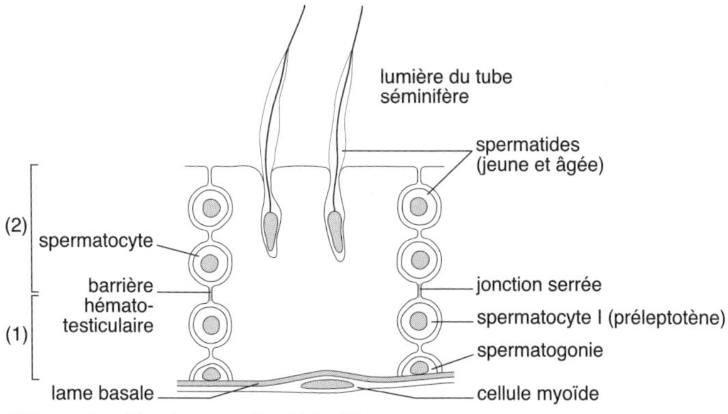

(1) Compartiment basal = compartiment interstitiel
(2) Compartiment adluminal = compartiment tubulaire

Les liens entre cellules germinales et cellules de Sertoli

- présence de jonctions communicantes (gap junctions) et de desmosomes ;
- spécialisation ectoplasmique : existence d'une structure particulière pour ancrage des spermatides aux cellules de Sertoli.

Schéma 2 : **la spécialisation ectoplasmique**

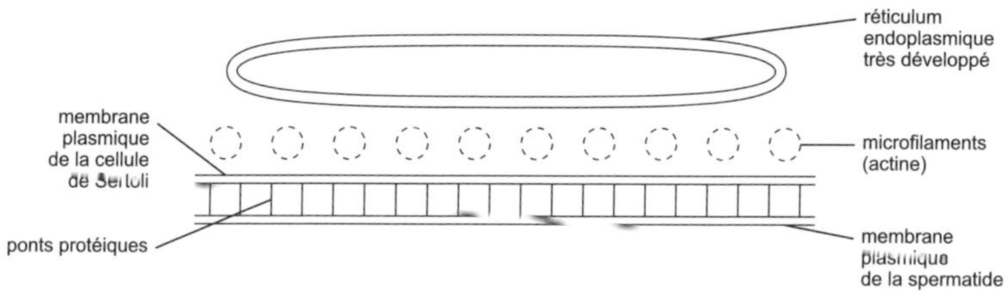

! La barrière hémato-testiculaire et les jonctions entre cellules de Sertoli et cellules germinales permettent les interactions **paracrines**.

c. L'acheminement des spermatozoïdes vers l'épididyme

Cet acheminement se fait grâce aux contractions des cellules musculaires lisses.

À la face externe du tube séminifère :

- basale ;
- cellules musculaires lisses : cellules myoépithéliales = cellules **myoïdes**. Activité contractile spontanée.

Autour du testicule :

- albuginée ;
- cellules musculaires lisses : contractions stimulées par acétylcholine (innervation du testicule).

Rôle de la neurohypophyse (= posthypophyse) : sécrétion d'**ocytocine** qui stimule ces contractions rythmiques ; expulsion des spermatozoïdes du tube séminifère vers le rete testis puis l'épididyme.

2. Les cellules de Sertoli

Les cellules de Sertoli assurent de nombreuses fonctions :

– **Support** et **nutrition** des cellules germinales :
  - contrôle de la *position* et des *déplacements* des cellules germinales au sein de l'épithélium séminifère (nombreux prolongements cytoplasmiques),
  - apport de *métabolites énergétiques* (lactate et pyruvate notamment ; épithélium séminifère dépourvu de vascularisation),
  - apport de *fer* (grâce à la transferrine, protéine de transport du fer) ;

– **Migration** des cellules germinales du pôle basal vers le pôle apical (mouvement centrifuge) :
  - les spermatocytes en préleptotène franchissent la barrière hémato-testiculaire : la *méiose* se déroule dans le *compartiment adluminal* ;

– **Spermiation** = libération des spermatozoïdes dans la lumière :
  - synthèse cyclique d'une protéine : l'*activateur du plasminogène*,
  - hydrolyse du plasminogène en plasmine (protéase),
  - destruction des ponts protéiques intercellulaires entre spermatides âgées et cellules de Sertoli (spermiation) ;

– **Phagocytose** :
  - des cellules germinales ayant dégénéré (apoptose),
  - des résidus cytoplasmiques issus de la spermiogenèse ;

– **Sécrétion du liquide séminal primitif** pour :
  - l'apport de nutriments (pendant la spermatogenèse et pour les spermatozoïdes produits),
  - le transport des molécules permettant la communication cellulaire,
  - le transport des spermatozoïdes dans les voies génitales (les spermatozoïdes ne sont pas mobiles à ce stade) ;

– **Contrôle** de la spermatogenèse en synthétisant :
  - ABP (androgen binding protein) : protéine qui se fixe à la testostérone → obtention d'une concentration en testostérone dans l'épithélium séminifère bien supérieure à la concentration plasmatique,

- nombreux facteurs de croissance comme :
  - interleukines,
  - IGF (insulin-like growth factor),
  - TGF (transforming growth factor),

  } contrôlent la multiplication et la différenciation des cellules germinales
- inhibine (protéine),
- œstradiol.

} interviennent dans le rétrocontrôle

3. Les cellules de Leydig

a. L'organisation et le rôle des cellules de Leydig

Les cellules de Leydig sont isolées ou regroupées autour des capillaires et spécialisées dans la sécrétion des androgènes :

- REL développé ;
- nombreuses inclusions lipidiques intracellulaires ;
- mitochondries à crêtes tubulaires.

Ces cellules sont responsables de la **stéroïdogenèse testiculaire** :

- testostérone (hormone stéroïde principale) ;
- androstènedione ;
- DHEA (déhydroépiandrostérone).

b. L'étude de la stéroïdogenèse

Les sources du cholestérol

Le cholestérol (précurseur des hormones stéroïdes) est :

- apporté par le sang (LDL [low density lipoprotein] issues du foie) ;
- obtenu à partir d'acétate (issu du sang et transformé dans les cellules de Leydig) ;
- ou issu des gouttelettes lipidiques (réserve sous forme d'esters du cholestérol).

La synthèse des hormones stéroïdes

C'est une chaîne de synthèse unique. Seule l'expression des enzymes est régulée.

Schéma 3 : **la synthèse des androgènes**

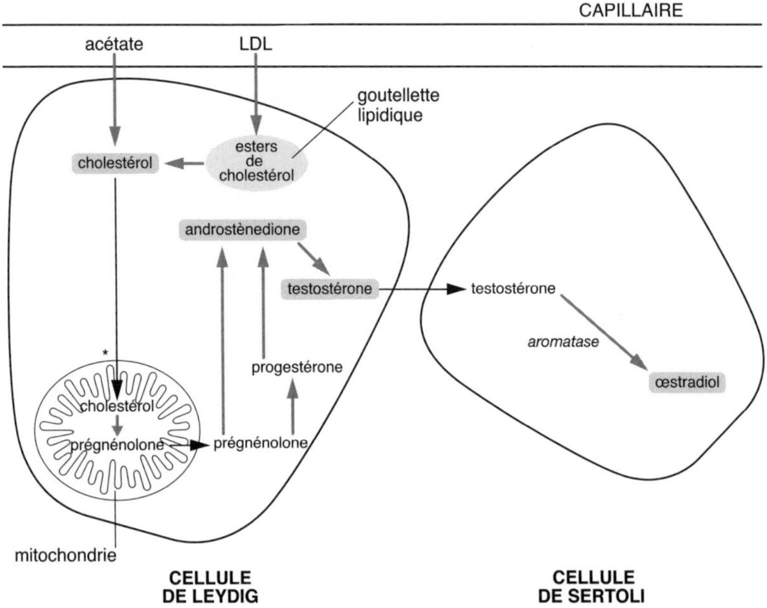

** transport du cholestérol dans les mitochondries (étape limitante de toutes les synthèses d'hormones stéroïdes)*

La sécrétion de la testostérone

Cette sécrétion :

- est *pulsatile* : la fréquence des pulses varie selon les espèces (homme : pulse toutes les 90 min) ;
- varie selon un rythme *circadien* : le niveau moyen de testostérone fluctue selon l'heure du jour.

4. La régulation des sécrétions testiculaires

a. Les sécrétions paracrines

Les interactions cellules de Sertoli – cellules germinales

! Les cellules de Sertoli contrôlent la différenciation de la lignée germinale et les cellules germinales contrôlent les cellules de Sertoli.

Les principales interactions paracrines observées :
- les cellules de Sertoli libèrent des médiateurs qui régulent la spermatogenèse ;
- les spermatides et les spermatocytes produisent des facteurs de croissance (EGF [epidermal growth factor], NGF [nerve growth factor]) qui modulent le fonctionnement des cellules de Sertoli (augmentation de la synthèse d'ABP par ex.) ;
- les corps résiduels des spermatides matures stimulent la sécrétion d'interleukines (IL-1, IL-6) par les cellules de Sertoli → multiplication et différenciation des cellules germinales.

Les interactions cellules de Sertoli – cellules de Leydig

Les principales interactions paracrines observées :
- les cellules de Sertoli libèrent des facteurs de croissance qui modulent la production de testostérone par les cellules de Leydig :
  - IGF-1 stimule la stéroïdogenèse,
  - TGF-b l'inhibe ;
- les cellules de Sertoli produisent de l'œstradiol (aromatisation de la testostérone) qui inhibe la synthèse de testostérone ;
- les cellules de Leydig produisent des facteurs paracrines (testostérone notamment) qui régulent la sécrétion d'ABP et d'inhibine par les cellules de Sertoli.

b. Les sécrétions autocrines

Il existe une régulation autocrine au niveau des cellules de Leydig : la testostérone diminue l'activité des enzymes de la stéroïdogenèse → rétrocontrôle négatif.

c. Les sécrétions endocrines

! Toutes les sécrétions sont contrôlées par le complexe hypothalamo-hypophysaire.

▸ Les sécrétions du complexe hypothalamo-hypophysaire

Les sécrétions de l'antéhypophyse

l'antéhypophyse sécrète :

- la LH (luteinizing hormone) = ICSH (interstitial cell stimulating hormone) ;
- la FSH (follicle stimulating hormone) ;

} protéines (hétérodimères $\alpha\beta$)

- la prolactine : hormone peptidique ; responsable du *rythme circadien* de la testostérone (modifie le nombre de récepteurs à la LH et donc la sensibilité des cellules de Leydig à la LH).

LH, FSH et prolactine sont des hormones gonadotropes (= qui agissent sur les gonades). Leur sécrétion est pulsatile.

> Ce qu'il faut **vraiment** retenir !
>
> *De façon schématique, on peut considérer que :*
> - *la LH contrôle la fonction* endocrine *du testicule (stéroïdogenèse) ;*
> - *la FSH contrôle la fonction* exocrine *du testicule (spermatogenèse).*
>
> *La LH induit la production de testostérone.*
> *La FSH induit la production d'ABP qui augmente la concentration de la testostérone dans le tube séminifère, ce qui conduit à la spermatogenèse.*

Les sécrétions de l'hypothalamus

La GnRH (gonadotropin-releasing hormone) est un décapeptide sécrété de façon pulsatile.

Sécrétion de GnRH pulsatile → sécrétion de LH pulsatile → sécrétion de testostérone pulsatile
→ sécrétion de FSH pulsatile

Les rétrocontrôles

Les sécrétions testiculaires exercent un rétrocontrôle sur l'axe hypothalamo-hypophysaire.

Schéma 4 : **les rétrocontrôles**

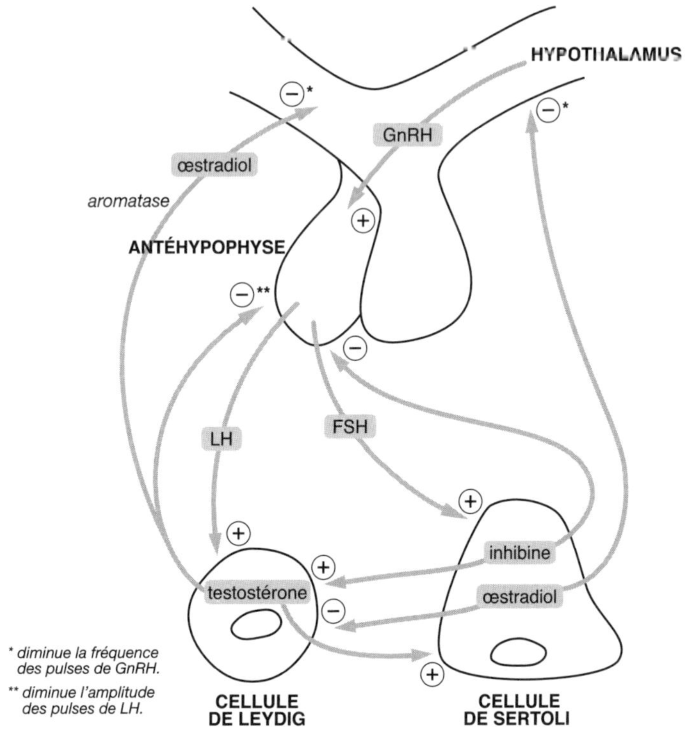

Remarque : jusqu'à la puberté, le taux de sécrétion testiculaire est faible.
À la puberté, l'augmentation de la sécrétion de GnRH par l'hypothalamus entraîne une augmentation de celles de LH et FSH par l'hypophyse :

- FSH stimule les cellules de Sertoli : synthèse de ABP, activation de la spermatogenèse ;
- LH stimule les cellules de Leydig : synthèse de la testostérone.

II. La physiologie de l'ovaire

1. Le cycle menstruel

Organismes concernés : nombreux Primates dont les Humains.
Nous étudierons ici la physiologie de l'ovaire chez la femme.
En période d'activité génitale (puberté à ménopause) les organes génitaux internes subissent des modifications cycliques contrôlées par diverses sécrétions hormonales.
Les caractéristiques du cycle menstruel :

- prépare l'organisme à une éventuelle gestation ;
- démarre au 1er jour des règles et s'achève le jour précédant la réapparition des règles ;
- durée moyenne : 28 jours (21 à 35 jours).

Les cycles menstruels se succèdent de la puberté à la ménopause.
Ménopause = arrêt de l'activité ovarienne dû à un épuisement des follicules ovariens.

Schéma 5 : **le cycle menstruel**

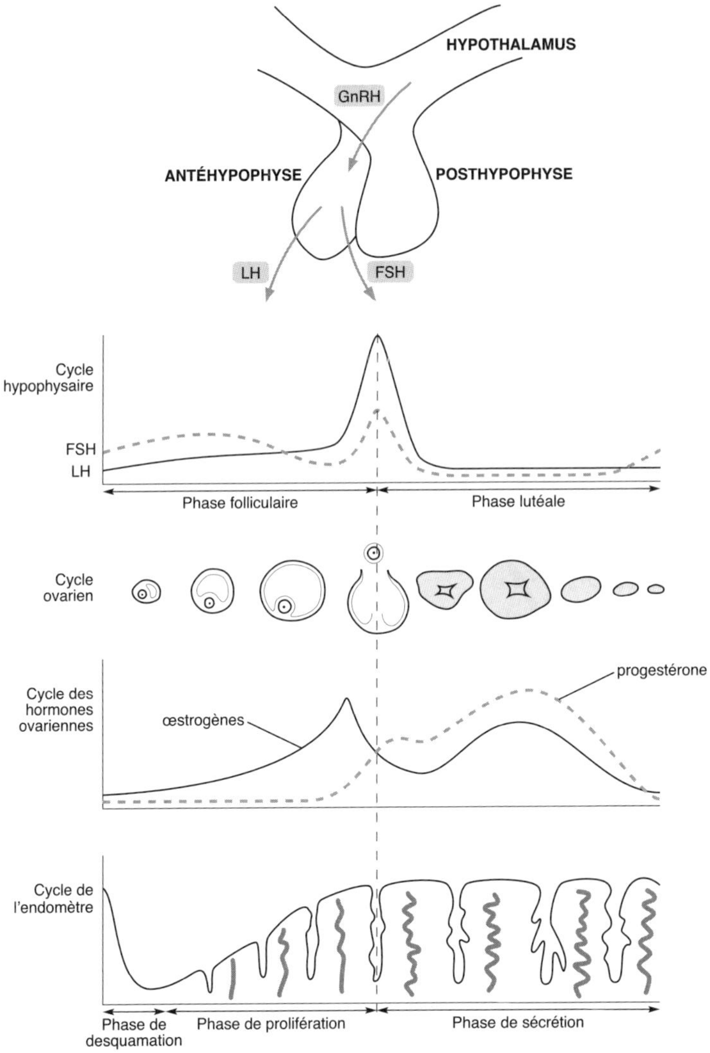

a. Le cycle hypothalamique

La sécrétion pulsatile de la gonadolibérine ou GnRH dans le système vasculaire porte hypothalamo-hypophysaire stimule des cellules endocrines gonadotropes de l'adénohypophyse.

b. Le cycle hypophysaire

La variation des taux plasmatiques de FSH et de LH stimule des cellules endocrines de l'ovaire.

c. Le cycle ovarien

Le rôle de l'ovaire est double : (ovogenèse et synthèse d'hormones stéroïdes). Le cycle ovarien, organisé en 2 phases, permet :
- la production d'un gamète femelle (maturation d'un follicule ; 1re phase) ;
- la production d'hormones :
  - par les cellules folliculaires (1re phase),
  - par le corps jaune progestatif (2e phase).

La phase folliculaire ou pré-ovulatoire ou œstrogénique

Première phase du cycle.
Durée : 7 à 21 jours.

La stéroïdogenèse

Observations :
- *LH* stimule les cellules de la *thèque interne* → sécrétion d'*androgènes* (principalement testostérone) ;
- *FSH* stimule les cellules de la *granulosa* → aromatisation de la testostérone en *œstrogènes*.

La maturation d'un follicule

Début du cycle : une dizaine de **follicules privilégiés** (follicules préantraux) sont en compétition.
La sécrétion de FSH entraîne :
- le développement des follicules : prolifération des cellules de la granulosa ;

— la sécrétion d'œstradiol et d'inhibine → rétrocontrôle négatif sur la sécrétion de FSH → involution des follicules privilégiés. Le follicule dominant, plus riche en récepteurs à FSH, est le seul à continuer sa maturation et deviendra le follicule de De Graaf.

Lorsque le taux d'œstradiol atteint une valeur seuil (200 pg/ml), son rétrocontrôle sur la sécrétion de FSH et essentiellement de LH devient positif, déclenchant les pics de LH et de FSH.

Ce qu'il faut **vraiment** comprendre !

La nature de la rétroaction des hormones ovariennes sur l'axe hypothalamo-hypophysaire dépend de leur ***concentration****.*
Ceci explique le fonctionnement cyclique de l'appareil génital féminin.

La ponte ovulaire

Celle-ci se produit le 14e jour en moyenne.

Les pics de FSH et LH entraînent une modification du follicule :

— sécrétion de progestérone par les cellules de la granulosa (début de la lutéinisation) ;

— sécrétion d'acide hyaluronique par le cumulus oophorus → dissociation des cellules du cumulus → libération de l'ovocyte dans la cavité antrale ;

— isolement de l'ovocyte → levée de l'inhibition exercée par les cellules folliculaires → reprise de la méiose : expulsion du 1er globule polaire puis blocage de l'ovocyte II en métaphase II, (la 2e division méiotique se terminera après la fécondation) ;

— ovulation (36 h après le pic de LH) : sécrétion de prostaglandines par les cellules de la granulosa → rupture du follicule mûr avec expulsion de l'ovocyte entouré de la corona radiata (il passe dans la cavité péritonéale puis dans l'infundibulum).

La phase lutéale ou post-ovulatoire ou œstroprogestéronique

Seconde phase du cycle.

Durée : 14 jours.

La sécrétion de LH provoque :

– la formation du coagulum central = repliement de la granulosa et de la thèque interne, accumulation de sang dans la cavité ;
– la transformation du follicule rompu (follicule déhiscent) en **corps jaune progestatif** (lutéinisation) :
  - formation d'un riche réseau vasculaire (envahissement de la granulosa par les capillaires de la thèque interne) ;
  - différenciation des cellules de la granulosa en grandes cellules lutéales ou *cellules lutéiniques* : diminution de la synthèse d'œstradiol ; production de la *progestérone*, inhibitrice de la sécrétion de LH ;
  - différenciation des cellules de la thèque interne en petites cellules lutéales ou *cellules paralutéiniques* : synthèse des *œstrogènes*.

En l'absence de fécondation

On observe deux événements majeurs :

– la dégénérescence du corps jaune :
  - œstradiol → prostaglandine (PGF2α) → lutéolyse → formation du *corpus albicans* ;
– l'apparition des règles :
  - diminution du taux de progestérone → menstruation.

En cas de fécondation

Le corps jaune progestatif ou cyclique devient corps jaune gestatif ou gravidique sous l'action de la gonadotropine chorionique (hCG) secrétée par le trophoblaste.

Le placenta prend les fonctions du corps jaune gestatif à la 6e semaine, produisant des quantités suffisantes d'hormones stéroïdes.

Progestérone et œstrogènes permettent la nidation et le début de la grossesse.

La progestérone bloque le développement des autres follicules ovariens et est indispensable au maintien de la grossesse.

Le cycle des hormones ovariennes

Les taux plasmatiques des œstrogènes et de la progestérone fluctuent de manière cyclique. Ces hormones agissent au niveau de divers organes cibles pour rendre l'organisme apte à la reproduction.

d. Le cycle de l'endomètre

Cycle de destruction et de reconstruction de la zone fonctionnelle de l'endomètre, sous la dépendance des hormones ovariennes.

La phase de desquamation (jours 1 à 4)

Dégénérescence du corps jaune → chute des taux d'œstrogènes et de progestérone → nécrose des glandes, du chorion et des vaisseaux = menstruation.

La phase de prolifération (jours 5 à 14)

Estradiol-17β→ croissance de l'endomètre (à partir de la zone résiduelle).

La phase de sécrétion (jours 15 à 28)

Œstrogènes et progestérone → allongement des glandes (deviennent très sinueuses), spiralisation des artérioles : dentelle utérine.
Progestérone → sécrétions riches en glycogène.

e. Le cycle de la glaire cervicale

Phase folliculaire : œstrogènes → augmentation progressive de la production de glaire.
Période péri-ovulatoire : œstrogènes → glaire abondante et filante.
Phase lutéale : progestérone → sécrétions moins importantes et plus épaisses.

Schéma 6 : **synthèse hormonale et rétrocontrôles**

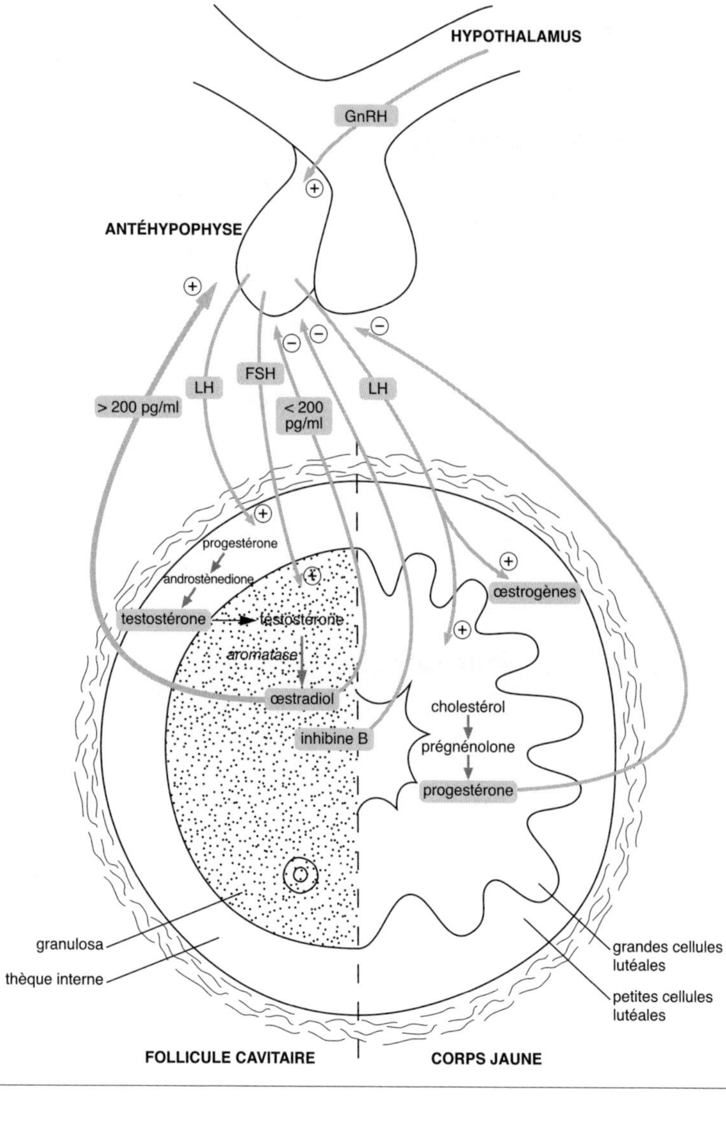

2. Le cycle œstral ou œstrien

Organismes concernés : Mammifères.

Ensemble des modifications cycliques affectant les organes génitaux et le comportement des femelles de Mammifères (excepté certains Primates).

On distingue quatre phases :

- le préœstrus = proœstrus : croissance folliculaire ;
- l'œstrus : maturation folliculaire avec ponte ovulaire ; période d'activité sexuelle ;
- le postœstrus : organisation fonctionnelle du corps jaune avec production de progestérone et épaississement de l'endomètre ;
- le métœstrus : dégénérescence du corps progestatif et résorption de la muqueuse utérine.

Durée des cycles : 1 à 3 semaines suivant les espèces avec un œstrus de quelques heures à une quinzaine de jours.

L'intervalle de temps entre deux œstrus = diœstrus.

Activité cyclique :

- permanente ;
- ou saisonnière (chatte, chienne et chèvre : l'animal est au repos sexuel, anœstrus, entre les périodes d'activité).

Ce qu'il faut **vraiment** comprendre !

Principales différences entre cycles menstruel et œstral :

- *renouvellement de l'endomètre :*
  - *couche fonctionnelle évacuée par le vagin (cycle menstruel),*
  - *couche fonctionnelle résorbée (cycle œstral) ;*
- *comportement et influence des saisons et de l'environnement :*
  - *modifications du comportement et influence environnementale plus marquées pour un cycle œstral.*

3. L'ovulation spontanée ou provoquée

L'ovulation spontanée se produit en dehors de tout rapprochement sexuel : augmentation du taux d'œstrogènes (folliculine) → pic ovulatoire.
Dans le cas de l'ovulation provoquée (lapine, chatte), l'ovocyte est libéré à la suite de la copulation : coït → pic ovulatoire.
Dans les deux cas le pic de LH déclenche la déhiscence folliculaire et induit la formation du corps jaune.

III. La contraception hormonale

Ce qu'il faut **vraiment** retenir !

La contraception est l'ensemble des procédés qui permettent d'éviter une grossesse non désirée tout en ayant des rapports sexuels.
Trois critères fondamentaux :
- *l'efficacité ;*
- *l'innocuité ;*
- *la réversibilité.*

La méthode contraceptive peut agir à ***trois niveaux*** *:*
- *la formation des* ***gamètes*** *: anovulation ;*
- *la* ***fécondation*** *;*
- *la* ***nidation*** *(contragestion).*

1. La contraception hormonale œstroprogestative

Prise de pilules combinées contenant des œstroprogestatifs de synthèse.
Mode d'action :
- blocage de l'**ovulation** :
  - par rétrocontrôle négatif sur les sécrétions hypothalamo-hypophysaires (bloque la maturation folliculaire),
  - par suppression des pics pré-ovulatoires (bloque l'ovulation) ;

— modification de la **glaire cervicale** :
  • progestérone → compaction de la glaire cervicale ;
— modification de l'**endomètre** :
  • présence précoce de progestérone empêche le développement de la muqueuse utérine.

Remarque : les anneaux contraceptifs qui diffusent localement (dans le vagin) des œstroprogestatifs (dosage plus faible) produisent les mêmes effets.

2. La contraception hormonale progestative : la micropilule

Prise de pilules contenant un progestatif de synthèse faiblement dosé, sans interruption : maintien un taux moyen de progestatif durant **la totalité du cycle**.
Mode d'action :
— modification de la **glaire cervicale** ;
— inhibition de la **motilité oviductaire** ;
— au niveau de l'**endomètre** :
  • inhibition du développement de la muqueuse,
  • altération vasculaire de l'endomètre peu favorable à l'implantation du blastocyste.

Remarque : un autre mode d'administration du progestatif (implant sous-dermique, patch, pilules plus fortement dosées ; prise discontinue : 5e au 25e jour) inhibe l'ovulation (effet antigonadotrope).

3. La pilule du lendemain

C'est une « contraception » d'urgence : empêche la nidation s'il y a eu fécondation (contragestion).
On trouve deux catégories de pilules :
— pilules contenant une dose massive de **progestatif de synthèse** → destruction de la zone fonctionnelle de l'endomètre (et éventuellement blocage de l'ovulation si celle-ci ne s'est pas encore produite) ;
— pilules **combinées** → effets similaires sur endomètre.

IV. La placentation

Chez les Mammifères le placenta est une annexe embryonnaire résultant de l'intrication du chorion embryonnaire et de la muqueuse utérine.
La formation du placenta, ou placentation, débute par la nidation ou implantation.

1. L'implantation chez la femme

On observe quatre principales caractéristiques :
- œuf au stade blastocyste dans la cavité utérine : 7 jours de vie libre puis fixation dans la muqueuse utérine = implantation interstitielle ;
- corps jaune très développé ;
- muqueuse utérine très développée et vascularisée ;
- myomètre inhibé par la progestérone.

2. La formation du placenta

a. Les différents types de placenta

Selon la structure histologique, on distingue :
- le placenta **épithéliochorial** chez la truie, la jument et certains ruminants (ex. la brebis) :
  - placenta indécidué :
    - l'épithélium utérin reste intact,
    - absence d'hémorragie suite à l'expulsion du placenta lors de la parturition,
  - simple apposition de l'épithélium trophoblastique du chorion fœtal à l'épithélium utérin,
  - réduction de la distance entre les circulations fœtale et maternelle en raison de l'invagination des capillaires dans les épithéliums trophoblastique et maternel,
  - placenta diffus ;

- le placenta **conjonctivochorial** ou **cotylédonaire** chez certains ruminants (ex. la vache, la chèvre) :
  - placenta indécidué,
  - villosités choriales situées au niveau de plages ou cotylédons ;
- le placenta **endothéliochorial** chez les carnivores (ex. la chatte, la chienne) :
  - placenta décidué :
    - invasion de l'endomètre par le trophoblaste,
    - destruction de la muqueuse utérine lors de la parturition,
  - contact direct entre le syncytiotrophoblaste des villosités choriales et les capillaires maternels (endothélium),
  - placenta zonaire : villosités choriales regroupées en une ceinture autour du sac embryonnaire ;
- le placenta **hémochorial** chez les rongeurs et les Primates (ex. la lapine, la ratte et la femme) :
  - placenta décidué,
  - villosités choriales baignent dans le sang maternel,
  - placenta discoïde : villosités choriales forment un disque.

b. La placentation chez la femme

Ce processus se déroule en quatre étapes :
- différenciation des cellules du blastocyste en embryoblaste et trophoblaste ;
- prolifération des cellules trophoblastiques pour former le syncytiotrophoblaste et le cytotrophoblaste ;
- enfoncement du syncytiotrophoblaste dans la muqueuse et formation des villosités choriales ;
- formation de lacunes vasculaires où ont lieu les échanges entre le fœtus et la mère.

3. La circulation placentaire chez la femme

Le sang, fœtal ou maternel, passe par le placenta, seule interface entre la mère et le fœtus.

On observe deux circulations distinctes, séparées par la surface choriale formant la barrière placentaire. Cette barrière contrôle les échanges materno-fœtaux.

a. La circulation fœto-placentaire

Le sang du fœtus :

- arrive par les 2 artères ombilicales ;
- traverse le placenta (réseau capillaire au sein des villosités choriales) ;
- repart via la veine ombilicale.

b. La circulation utéro-placentaire

Le sang maternel :

- arrive par l'artère utérine ;
- se disperse dans les lacunes entre les villosités ;
- est repris dans la veine utérine.

4. Les fonctions du placenta humain

a. Le contrôle des échanges materno-fœtaux

Mère		Spermatogenèse		Ovogenèse
Les gaz respiratoires				
O_2	→	transport passif (diffusion simple : P_{O_2} maternelle > P_{O_2} fœtale) Hb fœtale en grande quantité + affinité Hb fœtale pour O_2 > à celle de Hb maternelle	→	
	←	transport passif (diffusion simple : P_{CO_2} fœtale > P_{CO_2} maternelle)	←	CO_2
Les nutriments, l'eau				
glucose	→	transport passif (transport facilité grâce aux protéines porteuses)	→	
acides aminés	→	transport actif (pompes ATPase)	→	

Mère		Spermatogenèse		Ovogenèse
cholestérol et acides gras	→	transport passif (diffusion simple)	→	
vitamines hydrosolubles	→	transport passif (diffusion simple) ; passent facilement	→	
vitamines liposolubles	→	transport passif (diffusion simple) ; passent difficilement	→	
calcium	→	transport actif (pompes ATPase)	→	
sodium, potassium, chlorures et bicarbonates	→	transport passif (diffusion simple)	→	
fer libre	→	transport actif (pompes ATPase)	→	
H_2O	→	transport passif (osmose)	→	
Les catabolites				
	←	transport passif (diffusion simple)	←	urée, acide urique, créatinine
Les anticorps				
Ig G maternelles (PM des autres Ig trop élevé)	→	transport vésiculaire (endocytose/exocytose)	→	
Les substances toxiques et les agents pathogènes				
nicotine, alcool	→	transport passif (diffusion simple)	→	
certains médicaments	→	transport passif (diffusion simple)	→	
presque tous les virus (ex. VIH, rubéole)	→	————————→	→	
parasites (ex. toxoplasme)	→	————————→	→	
certaines bactéries (ex. tréponème pâle)	→	————————→	→	

b. Le rôle endocrine du placenta

Le placenta couvre une grande partie des besoins hormonaux de la gestation. Les hormones placentaires circulent dans l'organisme fœtal et dans l'organisme maternel.

Les hormones stéroïdes

Les hormones majeures sont :
- la progestérone : inhibition des contractions du myomètre, développement des glandes mammaires (potentialise l'action des œstrogènes) ;
- les œstrogènes : développement des glandes mammaires, parturition (contractions, dilatation du col).

Les hormones peptidiques

Les principales hormones sont :
- HCG (human chorionic gonadotropin) : transformation du corps jaune en corps jaune gestatif ; stimulation de la production de progestérone ;
- HPL (human placental lactogen) = HCS (human chorionic somatomammotropin) : développement des glandes mammaires, stimulation de la croissance fœtale, augmentation de la glycémie maternelle, libération d'acides gras à partir des réserves maternelles ;
- relaxine : relâchement des ligaments ;
- CRH (corticotropin-releasing hormone) ou corticolibérine : régulation hormonale de la naissance.

Schéma 7 : **les synthèses hormonales pendant la grossesse**

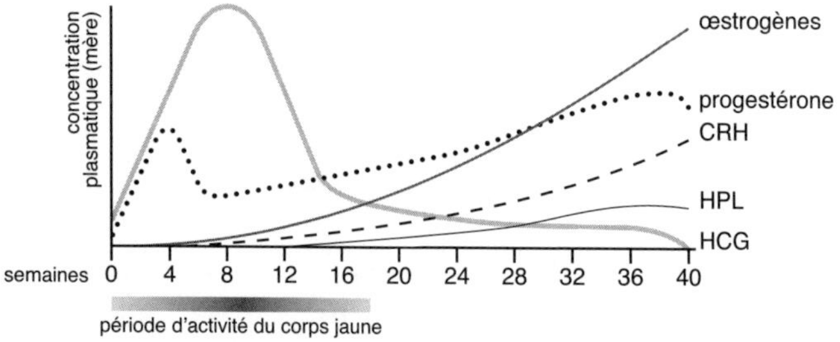

V. L'accouchement (ou parturition)

1. Les trois étapes de l'accouchement

L'accouchement se déroule en trois temps :

— effacement du col de l'utérus (contractions utérines) ;

— expulsion du fœtus (contractions utérines + contractions volontaires de la mère) ;

— expulsion des annexes embryonnaires = délivrance :

- décollement du placenta,
- expulsion du placenta et des membranes,
- hémostase.

2. Le contrôle hormonal de l'accouchement

a. Pendant la grossesse

On observe :

— une augmentation des taux de progestérone et d'œstrogènes dans le sang maternel :

- œstrogènes → modifications du myomètre,
- production de récepteurs à ocytocine et de gap-junctions,
- progestérone → inhibe les contractions utérines ;

— une production de relaxine (par le corps jaune et le placenta) :

- relâchement des ligaments (sacro-iliaques, sacro-coccygiens et de la symphyse pubienne.

b. Peu avant l'accouchement

On distingue :

— une augmentation de la sécrétion de CRH :

- accroissement de la production de cortisol (par corticosurrénales fœtales),
- rétroaction positive sur sécrétion de CRH ;

— une sécrétion de cortisol par les glandes surrénales du fœtus :
  - au niveau du placenta : progestérone convertie en œstradiol,
  - œstradiol favorise la synthèse de PGF2α (prostaglandin F2α), qui est un agent contractant,
  - prostaglandines activent des collagénases → ramollissement du col.

c. Le déclenchement et l'entretien des contractions utérines

La concentration élevée des œstrogènes s'oppose au maintien de la grossesse par la progestérone :

— contractions utérines → dilatation du col utérin,

— tête du fœtus descend → stimulation des mécanorécepteurs cervicaux et vaginaux → signaux nerveux vers l'hypothalamus → posthypophyse : libération accrue d'ocytocine → intensification des contractions,

— PGF2α favorise les contractions.

Ce phénomène est entretenu jusqu'à l'expulsion complète du fœtus et des annexes embryonnaires.

VI. La lactation

1. La structure des glandes mammaires

Chaque glande mammaire est composée de 10 à 20 lobes.

Chaque lobe est constitué de lobules et aboutit dans un canal galactophore qui converge vers le mamelon et s'ouvre au niveau de l'aréole.

Chaque lobule est formé de tubulo-alvéoles, parties sécrétrices de la glande.

Schéma 8 : **les glandes mammaires**

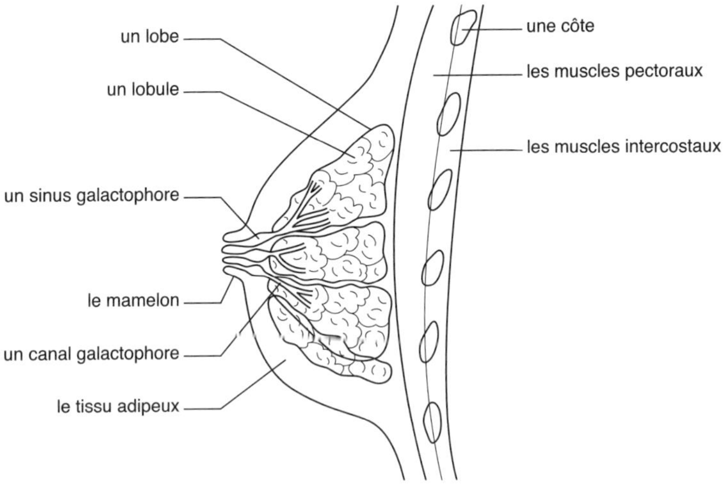

2. La composition du lait

a. Le lait mature

Ce lait est sécrété en période lactogène (période qui démarre 4 à 5 jours après l'accouchement). Il contient :

– **des protéines** (8 à 12 g/L ; teneur nettement inférieur à celle des autres Mammifères, mais composition en acides aminés parfaitement adaptée aux besoins du nouveau-né) :
  - les caséines (40 %),
  - les protéines solubles (60 %) : parmi elles, certaines ont un rôle essentiel (Ig As [immunoglobulin A secretory], lactoferrine, cytokines, lysozyme, facteurs de croissance, érythropoïétine, etc.) ;

- **des lipides** (35 g/L ; teneur proche de celle du lait de vache) :
  - digestibilité supérieure (présence d'une lipase, structure particulière des triglycérides : acide palmitique en position 2 sur le glycérol),
  - richesse en cholestérol (constitution des membranes, synthèse hormonale, développement cérébral),
  - richesse en acide docosahexaénoïque (maturation cérébrale et rétinienne) ;
- **des glucides** (75 g/L) :
  - teneur optimale en lactose (63 g),
  - très nombreux oligosaccharides (12 g ; prébiotiques → mise en place de la flore bactérienne colique → protection vis-à-vis des infections) ;
- **d'autres composants** :
  - minéraux (teneur relativement faible → faible charge osmolaire rénale),
  - nombreux ligands (facilite l'absorption des minéraux),
  - vitamines B_{12} et D,
  - cellules immunocompétentes : protection contre les infections.

b. Le colostrum

Ce lait est sécrété en période colostrogène (les trois jours suivant l'accouchement) ; il diffère du lait mature :
- moins riche en lipides et en lactose ;
- plus riche en oligosaccharides et en cellules immunocompétentes ;
- plus riche en protéines :
  - très peu de caséines,
  - protéines solubles fonctionnelles plus nombreuses (Ig As, lactoferrine, facteurs de croissance, cytokines).

Ce lait protège le nouveau-né, particulièrement vulnérable, contre les infections.

Remarque : en cas d'accouchement prématuré, le lait est plus riche en acides gras poly-insaturés (besoins accrus chez un prématuré pour la maturation cérébrale).

! Le lait maternel fournit tous les nutriments nécessaires, mais présente également de nombreuses **propriétés biologiques** (rôle fonctionnel de certaines protéines solubles notamment).

3. Le mécanisme de sécrétion lactée

a. Pendant la gestation

On observe :

— la production de prolactine par l'antéhypophyse → activation de la synthèse de lait ;

— la production de progestérone par le corps jaune et le placenta, production de PIF (Prolactin Inhibitor Factor) par l'hypohyse → inhibition de la sécrétion lactée ;

— la production de progestérone, prolactine et hormone lactogène placentaire → multiplication des acini donc augmentation de la production lactée.

b. Après l'accouchement

La chute du taux de progestérone entraîne une levée d'inhibition de la sécrétion.

c. Sous l'effet de la succion

L'excitation de mécanorécepteurs induit un réflexe tacto-hypothalamo-hypophysaire, qui entraîne :

— la sécrétion de prolactine d'où :
  - inhibition de la production de GnRH → inhibition de la sécrétion de LH et de FSH → aménorrhée, anovulation (pas toujours maintenue),
  - entretien de la lactation ;

— la sécrétion d'ocytocine (par l'hypophyse postérieure) d'où :
  - contraction des cellules myoépithéliales des glandes mammaires → extrusion de lait.

Il y a production d'environ 1 100 millilitres de lait par jour.

Annexe

Les différents types d'œufs

L'œuf est une cellule diploïde issue de la fécondation d'un ovule par un spermatozoïde, ou issue d'une activation parthénogénétique.

Type d'œuf	Caractéristiques	Développement	Segmentation	Espèces
alécithe *a* privatif *lécithe* : vitellus	pratiquement dépourvu de vitellus ; œuf de petit taille (femme, 100 µm)	relations trophiques avec l'organisme maternel	segmentation totale, égale	Mammifères euthériens et métathériens (viviparité et pseudo-viviparité)
télolécithe *télo* : loin	le vitellus occupe la quasi-totalité de la cellule ; œuf de grande taille (plusieurs cm)	les réserves doivent couvrir tous les besoins pendant une longue période	segmentation partielle et discoïdale	poissons, Oiseaux, Reptiles, Mammifères protothériens (oviparité)
hétérolécithe *hétéro* : autre	vitellus relativement important, réparti selon un gradient croissant du pôle animal au pôle végétatif ; œuf de taille moyenne (grenouilles, 1 à 2 mm)		segmentation totale, inégale	Amphibiens

Bibliographie

Peter H. Raven, Georges B. Johnson, Jonathan B. Losos, Susan S. Singer, 2007 – *Biologie* – De Boeck Université

Raymond Gilles, Michel Anctil, Jean-Christophe Plumier, Fernand Baguet, Guy Charmantier, Raymond Gilles Jr, André Péqueux, Philippe Sébert, 2006 – *Physiologie animale* – De Boeck Université

André Beaumont, Pierre Cassier, Jean-Paul Truchot, Michel Dauça – *Biologie et physiologie animales* – Dunod

Jean-Louis Picaud, Jean-Claude Baehr, James Maissiat – *Biologie animale* – Dunod